GÜNTER KRÄUTER

Das Waldhöhentarifsystem

WISSENSCHAFTLICHE ABHANDLUNGEN

Nr. 29

DAS WALDHÖHENTARIFSYSTEM

von

GÜNTER KRÄUTER

DEUTSCHE AKADEMIE
DER LANDWIRTSCHAFTSWISSENSCHAFTEN ZU BERLIN

AKADEMIE-VERLAG BERLIN

1958

Anschrift des Verfassers:
Dr. Günter Kräuter
Eberswalde, Schwappachweg 7

1958
Herausgegeben von der Deutschen Akademie der Landwirtschaftswissenschaften zu Berlin
Vorgelegt von Prof. Dr. Erteld und Prof. Dr. Richter
Redaktionsschluß 22. März 1957
Erschienen im Akademie-Verlag GmbH, Berlin W 8, Mohrenstraße 39
Lizenz-Nr. 202 • 100/281/58
Satz und Druck: Druckhaus „Maxim Gorki", Altenburg
Bestell- und Verlagsnummer: 2068/29
Printed in Germany

INHALT

VORWORT

In der vorliegenden Arbeit ist der Versuch gemacht worden, die gebräuchlichen Tarifverfahren der Forsteinrichtung in ihrer Vielfalt geordnet darzustellen sowie ihren Aufbau und ihre wechselseitigen Zusammenhänge zu klären. Zum anderen hat sich der Verfasser bemüht, ein neues Tarifsystem zu entwickeln, das allen Anforderungen der praktischen Forsteinrichtung gerecht werden soll.

Das Wort „tarif" kommt aus dem Arabischen und bedeutet „Kundmachung". Wir verstehen heute im landläufigen Sinne unter einem Tarif die tabellarische Zusammenstellung von Werten bestimmter voneinander abhängiger Größen. Unter einem Holzmassenermittlungstarif ist die zahlenmäßige oder graphische Darstellung der Stamminhalte in Abhängigkeit vom Durchmesser oder vom Umfang in Brusthöhe zu verstehen.

Die Massentarife unterscheiden sich also von den Massentafeln darin, daß zu ihrer Benutzung nur der Durchmesser notwendig ist, während bei den Massentafeln neben dem Durchmesser auch die entsprechende Höhe für diesen Durchmesser bekannt sein muß, ehe man eine Massenzahl ablesen kann. Selbstverständlich sind auch die Stamminhalte der Massentarife aus dem Produkt $g \cdot h \cdot f$ errechnet. Jedoch gestattet die starre Höhenkurve keine Differenzierung der Masse nach der Höhe mehr. Nach der Festlegung des Höhentarifes ist nur der entsprechende Massentarif anwendbar. Modernere Tarifverfahren haben eine Höhenstufeneinteilung; das bedeutet, daß im Gegensatz zu dem alten Tarif der Kontrollmethode mit nur einer Massenreihe, hier für jede Höhenstufe eine Massenreihe zur Verfügung steht.

Die mehrteiligen Massentarife sollen eine bessere und genauere Erfassung der Stamminhalte gewährleisten. Sie wurden nach verschiedenen Gesichtspunkten unterteilt. Die Einteilung nach Höhenstufen ist die üblichste Form.

Auf Anregung einiger praktischer Forsteinrichter wurde auch eine Bonitierungsmöglichkeit mit Hilfe des vorgeschlagenen Höhentarifes ausgearbeitet. Die Verbindung zur Ertragstafel ist damit hergestellt, und es steht offen, den Weg über die relative wie über die absolute Höhenbonität zu wählen.

Weiter konnte eine Massen-Zuwachsermittlungsmethode mit Hilfe des Waldhöhentarifes ausgearbeitet werden. Die Massendifferenzen und auch die Massenzahlen liegen tabellarisch für Einzelstämme vor. Ergänzend wurden die Zuwachsprozente des Waldhöhentarifes angeführt.

In diesem Zusammenhang möchte ich als sein ehemaliger Mitarbeiter noch einmal des verstorbenen Oberforstmeisters H. KRUTZSCH gedenken, der sich in Deutschland seit 1934 um eine moderne Holzvorratsaufnahme für die Forsteinrichtung bemühte. Seine Arbeiten auf diesem Gebiet waren grundlegend, wenn auch die Entwicklung auf einrichtungstechnischem Gebiet wesentlich weitergeschritten ist.

Für wertvolle Anregungen — vor allem bei der Literaturbeschaffung und bei der Bearbeitung des Themas — danke ich Herrn Prof. Dr. ERTELD. Herrn Prof. Dr.-Ing. RICHTER, als Leiter des Institutes für Forsteinrichtung der Forstwirtschaftlichen Fakultät Eberswalde, habe ich zu danken für die zur Verfügung gestellte Literatur sowie für die Unterlagen, die zur Überprüfung des Tarifes erforderlich waren. Zu besonderem Dank bin ich persönlich Herrn Prof. Dr.-Ing. RICHTER verpflichtet für die vielen Anregungen und Beratungen zur Gestaltung der Arbeit. Dank schulde ich weiter den Mitarbeitern der Abteilung Ertragskunde, die mich bei der Durchführung der Arbeit unterstützt haben.

1. ZUR SYSTEMATIK DER TARIFVERFAHREN

PRODAN unterscheidet in seinem Buch „Messung der Waldbestände" (32):

A. Probestammverfahren.

B. Tarifverfahren.

In der vorliegenden Arbeit soll lediglich auf den zweiten Teil eingegangen werden, auf die Tarifverfahren im weiteren Sinne. PRODAN unterteilt die Tarifverfahren in die beiden Gruppen:

I. Massentafelverfahren.

II. Tarifverfahren im engeren Sinne.

Zu den Massentafelverfahren gehören Systeme, die die speziellen Bestandeshöhenkurven verwenden, z. B. das Massentafelverfahren mit Hilfe der Tafeln von GRUNDNER-SCHWAPPACH. Zur Massenberechnung mit diesen Tafeln ist es erforderlich, die dem jeweils vorliegenden Bestande eigentümliche Höhenkurve zu ermitteln und aus dieser Kurve die für die Massenberechnung notwendigen Höhen zu entnehmen.

Ferner gehören u. a. die Massenberechnungsverfahren mit Hilfe von Einheitshöhenkurven (LANG u. WIEDEMANN), von Formhöhenreihen (v. LAER), von Einheitsmassenkurven (SPIECKER) zu dieser Gruppe. Eigentümlich ist diesen Verfahren, daß sie die WIEDEMANNschen Einheitshöhenkurven als einheitliche Grundlage für die Massenberechnungen benutzen. Die Formzahlen sind stets der Massentafel von GRUNDNER-SCHWAPPACH entnommen, also ebenfalls einheitlich abgeleitet.

Die mit einem derartigen Verfahren erreichte Genauigkeit muß annähernd gleich sein, da der dritte Faktor zur Massenberechnung, die Grundfläche, durch die Anordnung der Verfahren nicht verändert wird.

Zu den Tarifverfahren im engeren Sinne gehören nach PRODAN (32) die Plenterwaldtarife und die Tarife für gleichaltrige Hochwaldbestände (KRENN). Plenterwaldtarife wurden in der Schweiz und in Frankreich aufgestellt. Bekannt sind die Tarife von BIOLLEY, ALGAN, SCHAEFFER, GAZIN und d'ALVERNY (2, 5, 38, 39, 40), in Deutschland die provisorischen Tarife für Fichte und Tanne von PRODAN (32) und der Waldhöhenstufentarif von KRUTZSCH (18). Die französischen und schweizerischen Tarife benutzen als Maßeinheit oft die Silve, die nur für das stehende Holz verwendbar ist. Das Verhältnis der Silve zur Erntemasse in Festmetern muß örtlich ermittelt werden.

Die PRODANschen Plenterwaldtarife für Fichte und Tanne sind dagegen in Vorratsfestmetern aufgestellt, während andererseits der Waldhöhenstufen-Tarif KRUTZSCHs als Maßeinheit den Kluppfestmeter (Kfm) zugrunde legt. Der Kluppfestmeter soll es ermöglichen, schon von der stehenden Masse auf die Ernte zu schließen und wird von KRUTZSCH-LOETSCH (17, Seite 54) als „genäherter Erntefestmeter" bezeichnet. Die zur Aufstellung des Kluppfestmeters benutzten Formzahlen — besser ausgedrückt Reduktionsfaktoren für die Idealwalze über dem Brusthöhendurchmesser — enthalten außer den Formzahlen im alten Sinne den Ernteverlust (einschließlich des Rindenverlustes, Aufarbeitungsverlustes und Kubierungsunterschiedes).

Neben den Plenterwaldtarifen gehören zu den Tarifverfahren im engeren Sinne auch einige Tarife für gleichaltrige Hochwaldbestände, z. B. die Tarife von KRENN (16) und der Einheitshöhenstufen-Tarif von KRUTZSCH-LOETSCH (17). Während die KRENNschen Tarife holzartenweise getrennt aufgestellt wurden und die Holzmasse insgesamt in Vorratsfestmetern angeben, ist der Einheitshöhenstufen-Tarif ein Einheitstarif für alle Holzarten und gibt die Holzmasse stärkestufenweise in Kluppfestmetern an.

2. CHARAKTERISTIK GEBRÄUCHLICHER TARIFVERFAHREN

a) Schweizer und französische Tarife

Die Einführung der Kontrollmethode in die Forsteinrichtung – vor allem in die des Plenterwaldes – erforderte Verfahren, die trotz der Verschiedenheit des Plenterwaldaufbaues bei genügender Einfachheit die Objektivität der Aufnahmen garantieren. Dabei wird auf die „wahre" Vorratsmasse einer Wirtschaftseinheit verzichtet, weil diese doch nur mit relativ großem Aufwand erfaßbar ist. Überdies wäre diese Massenzahl in Vorratsfestmetern mit der Ernte in Erntefestmetern nicht in so eindeutige Beziehungen zu bringen, wie es für die Zwecke der Kontrollmethode gefordert werden müßte. Man errechnet mit Hilfe zweier periodischer Vorratsaufnahmen, unter Berücksichtigung der stehend gekluppten Ernte aus den beiden Massen den Zuwachs. Zu diesem Zweck mußten alle Unsicherheiten der Massenberechnung, die durch subjektive Fehler entstehen, ausgeschaltet werden, sogar unter dem Zugeständnis, daß die Massen nur den Charakter einer relativen Maßeinheit hatten. Das bedeutet, daß die Vertreter der Kontrollmethode bewußt auf die „genaue" Ermittlung zugunsten der Vergleichbarkeit der beiden Vorratsaufnahmen und der Erntemassen verzichteten. Da sich die Masse eines Baumes aus den Faktoren Kreisfläche, Höhe und Formzahl errechnet, wovon die Kreisfläche für gleichen Durchmesser sich als unveränderliche Größe erweist, mußten die veränderlichen Größen Höhe und Formzahl genormt werden und für alle Aufnahmen die gleichen sein. Das Produkt ghf wurde zunächst so festgelegt, daß einem bestimmten Durchmesser (einer festen Kreisfläche) nur eine bestimmte Höhe und eine bestimmte Formzahl zugrunde lag. Der Tarif bestand also aus nur einer Massenlinie. Daraus ergibt sich, daß der von GURNAUD und BIOLLEY angewendete Massentarif (5), der erste Einrichtungstarif, keine Höhenklasseneinteilung hat und als Einheitstarif nicht nach Holzarten getrennt aufgestellt ist. Dieser Tarif wurde in Deutschland als Neuenburger Tarif bekannt. Er war ursprünglich von GURNAUD aufgestellt worden und wurde 1891 unter Mitarbeit von BIOLLEY, BLONAY und JOBEZ überarbeitet (15, S. 190). Einige Unregelmäßigkeiten des alten Tarifes wurden dabei an Hand der Tarife ALGAN 10 und 11 ausgeglichen. Der überarbeitete Tarif wurde als „Barème du Tarif conventionnell unique pour l'application du contrôle au traitement des Forêts" herausgegeben (15, Seite 188–190). Er ist auch heute noch als „der Tarif der Kontrollmethode" bekannt und wird, Knuchel folgend, nachstehend kurz als M. d. c. (Méthode du contrôle) bezeichnet. Er wird hauptsächlich im Kanton Neuenburg angewendet, ist in 5 cm-Stufen aufgestellt und kann für Durchmesser- wie auch für Umfangmessung der Stämme angewendet werden. Seine Maßeinheit ist die Silve. Ein weiterer einteiliger Einheitstarif ist der von der Eidgenössischen Technischen Hochschule verwendete Tarif; der Tarif ist ebenfalls in Silven aufgestellt und wird als Tarif ETH bezeichnet (43, Seite 216). Die Durchmesserstufen betragen 4 cm. Im Fürstentum Liechtenstein ist ein einteiliger Einheitstarif in Anwendung. Er ist in 4 cm-Stufen gegliedert und gibt die Massen in Silven an. Der Tarif wurde erst 1949 eingeführt (15, Seite 101). Andere Schweizer Kantone schlossen sich der Kontrollmethode an, benutzen aber eigene Tarife, z. B. Bern. Der Einrichtungstarif des Kantons Bern wurde 1934 eingeführt (43, Seite 218). Auch dieser Tarif ist ein Einheitstarif, der für alle Holzarten gleichsinnig angewendet wird. Höhenstufen sind in diesem Tarif nicht ausgeschieden worden. Die Maßeinheit wird in Bern als Tariffestmeter bezeichnet. Auch dieser Tarif geht von 4 cm-Stufen aus.

In anderen Teilen der Schweiz verwendet man Tarife mit zwei, drei und mehr Höhenklassen, z. B. in den Kantonen Freiburg und Waadt. Von den mehrteiligen Einheitstarifen sind besonders zwei bekannt geworden:

Der Einrichtungstarif des Kantons Freiburg (Tarifs d'aménagement fribourgeois) ist zweiteilig, er gilt für alle Holzarten und gibt die Masse in Festmeter an. Der Tarif I wird für langes, der Tarif II für kurzes Holz angewendet. Die Durchmesserstufen betragen 2 cm.

Wesentlich bekannter ist der Waadtländer Einrichtungstarif (Tarifs d'aménagement vaudois) (15, Seite 102). Dieser Tarif ist dreistufig und für kurzes, mittleres, langes Holz unterteilt. Der Inhalt der Stämme wird in Silven angegeben. Auch dieser Tarif ist für 2 cm-Stufen berechnet worden. Die Höhenlinien der drei Tarife wurden in Abb. 1 mit denen des Waldhöhentarifes[1]) verglichen.

Die besprochenen Einrichtungstarife dienen als Grundlage für die Einrichtungsarbeiten. Sie sind rein konventionell festgelegt, das heißt, man will sich allgemein ihrer bedienen, um eine einheitliche Skala für die Beurteilung der Wirtschaftsmaßnahmen am Vorrat zugrunde legen zu können.

Mehrstufige Einheitstarife sind in Frankreich von ALGAN und SCHAEFFER (2, 38, 40) aufgestellt worden. Der Tarif ALGAN beruht auf der Unterstellung, daß ein Baum seinen Inhalt verdoppelt, wenn sein Brusthöhendurchmesser von 20 auf 25 cm anwächst oder der Durchmesser von 30 auf 40 cm, von 45 auf 60 cm oder von 65 auf 90 cm ansteigt. Er verdreifacht sein Volumen aber, wenn sein Durchmesser von 60 auf 100 cm steigt; sein Volumen verfünffacht sich, wenn sich sein Durchmesser von 35 auf 70 cm vergrößert. Der Inhalt verzehnfacht sich dagegen, wenn der Durchmesser von 20 auf 50, von 25 auf 65 oder von 30

---

[1]) Die Höhentarifschablone des Waldhöhentarifes wurde zum Zwecke der Vergleichbarkeit für die Darstellung der untersuchten Höhentarife benutzt. Der Waldhöhentarif wird in einem späteren Abschnitt beschrieben.

Tarifverfahren im weiteren Sinne

I. Massentafelverfahren:	II. Tarifverfahren i. e. Sinne:	
Alle holzartenweise getrennt (in Vfm) a) „Individuelle" Bestandeshöhenkurve GRUNDNER-SCHWAPPACH b) Aufgebaut auf Einheitshöhenkurven von WIEDEMANN 1. WIEDEMANN-LANG: Einheitshöhenkurvenverfahren 2. von LAER: Formhöhenreihenverfahren 3. SPIECKER: Einheitsmassenkurvenverfahren 4. LAER-SPIECKER: Massenberechnungstafeln zur Ermittlung von Vorrat und Zuwachs von Waldbeständen	a) Ungleichaltriger Wald (Plenterwald) 1. in Silven oder Festmeter Schweizer und französische Tarife PRODAN: Plenterwaldtarife 2. in Kfm KRUTZSCH: Waldhöhenstufen-Tarif	b) Gleichaltriger Hochwald (Schlagweiser Hochwald) 1. in Vfm KRENN: Tarife für gleichaltrige Hochwaldbestände 2. in Kfm KRUTZSCH-LOETSCH: Einheitshöhenstufen-Tarif
	in Vfm: KRÄUTER: Waldhöhentarif	

Neben der Gliederung der Tarifverfahren im engeren Sinne nach Anwendungsbereichengibt die Unterteilung nach Tarifmerkmalen gute Vergleichsmöglichkeiten.

Einheitstarife (für alle Holzarten):		Holzartentarife:	Holzartengruppen-Tarife:
ohne Höhenklassen	Neuenburger Tarife (M. d. c.) (GURNAUD-BIOLLEY) Berner Tarif Liechtensteiner Tarif ETH-Tarif		—
mit groben Höhenklassen	Waadtländer Einrichtungstarif Freiburger Einrichtungstarif	KRENN: Hochwaldtarif PRODAN: Tarife für Fichte u. Tanne	—
mit engen Höhenklassen	Tarif ALGAN (Tarif rapides) Tarif SCHAEFFER (Tarif lents) KRUTZSCH-LOETSCH: Einheitshöhenstufen-Tarif KRUTZSCH: Waldhöhenstufen-Tarif	Sowjetische Höhenklassentarife KRÄUTER: Waldhöhentarif als Holzarten- und Holzartengruppen-Tarif	

auf 80 cm anwächst. Das angenommene Verhältnis läßt sich etwa durch die Gleichung

$$v = \frac{k}{1400} \cdot (d - 5) \cdot (d - 10)$$

darstellen, wobei *k* die Masse eines 45 cm starken Stammes, *d* der Durchmesser für den gesuchten Stamminhalt ist. ALGAN rechnete für 20 verschiedene *k*-Werte die Massenreihen aus, die die 20 Stufen des Tarifs ALGAN darstellen. Er ging von der Beobachtung aus, daß 45 cm starke Stämme nicht weniger als 0,9 m^3 und nicht mehr als 2,8 m^3 aufweisen. In den einzelnen Tarifstufen sind die Massen der Einzelstämme mit zunehmender Ordnungszahl um je 0,1 m^3 verschieden. Wenn also der Tarif 1 für 45 cm Durchmesser eine Masse von 0,9 m^3 angibt, so weist der Tarif 2 für denselben Durchmesser 1,0 m^3 auf. Dementsprechend gibt der Tarif 20 für dieselbe Durchmesserstufe 2,8 m^3 an. Zur Bestimmung des Tarifes ist es erforderlich, den durchschnittlichen Inhalt eines Stammes bestimmten Durchmessers zu kennen. Diese erforderliche Grundlage für die Tarifbestimmung muß entweder durch Schätzen oder durch Probefällungen ermittelt werden. In Tannenwäldern ist die Tarifbestimmung nach KNUCHEL (15) erleichtert, weil eine Tanne von 50 cm Brusthöhendurchmesser $^1/_{10}$ ihrer Höhe als Gesamtvolumen hat. Der Tarif ALGAN ist in 5 cm-Stufen aufgestellt und gibt die Masse in Festmetern an. Er wird in Frankreich für Einrichtungsarbeiten herangezogen und auch von der forstlichen Praxis zur Schätzung der Schläge benutzt. Ferner wurde von ALGAN empfohlen, diese Tarife für Vergleichszwecke heranzuziehen, um die Wuchsleistungen verschiedener Holzarten oder Wuchsgebiete einheitlich und anschaulich darzustellen.

Nach SCHAEFFER (38) ist eine einmal festgestellte Tarifstufe der ALGANschen Reihen nicht für das ganze Leben eines Bestandes brauchbar, da die Verhältnisse von Höhe zu Durchmesser und Form im jungen Bestand anders sind als im hohen Alter. Ein fester Tarif scheint nach Ansicht SCHAEFFERs nicht annehmbar zu sein, da durch e i n e Massenreihe nicht alle Veränderungen der Baumpopulation vom jungen Alter an erfaßt werden (38, Seite 8). Weiter berichtet SCHAEFFER von Beschwerden über den Tarif ALGAN, und zwar wurde eingewendet, daß der Tarif ALGAN zu „schnell" (rapide) sei (38, Seite 8). Das vorher erwähnte Verhältnis der Volumenzunahme zu einer bestimmten Durchmesserzunahme hat sich nach SCHAEFFER (38) in heterogenen Bestockungen bewährt, z. B. im Gebirge auf stark wechselnden Standorten. Hier ist der Tarif ALGAN nicht zu „rapide". Bei kleinen und homogenen Bestockungen fordert SCHAEFFER die Anwendung „langsamerer" Tarife, der „Tarifs lents", die sich im Volumen in Funktion vom Durchmesser weniger „rapide" verändern (38).

Auf das Volumen eines 45 cm starken Stammes bezogen geben die einzelnen ALGAN-Tarife folgende Massen:

Nr. 1	2	3	4	5	6	7	8	9	10	20
0,9	1,0	1,1	1,2	1,3	1,4	1,5	1,6	1,7	1,8...	...2,8

Waldhöhentarif

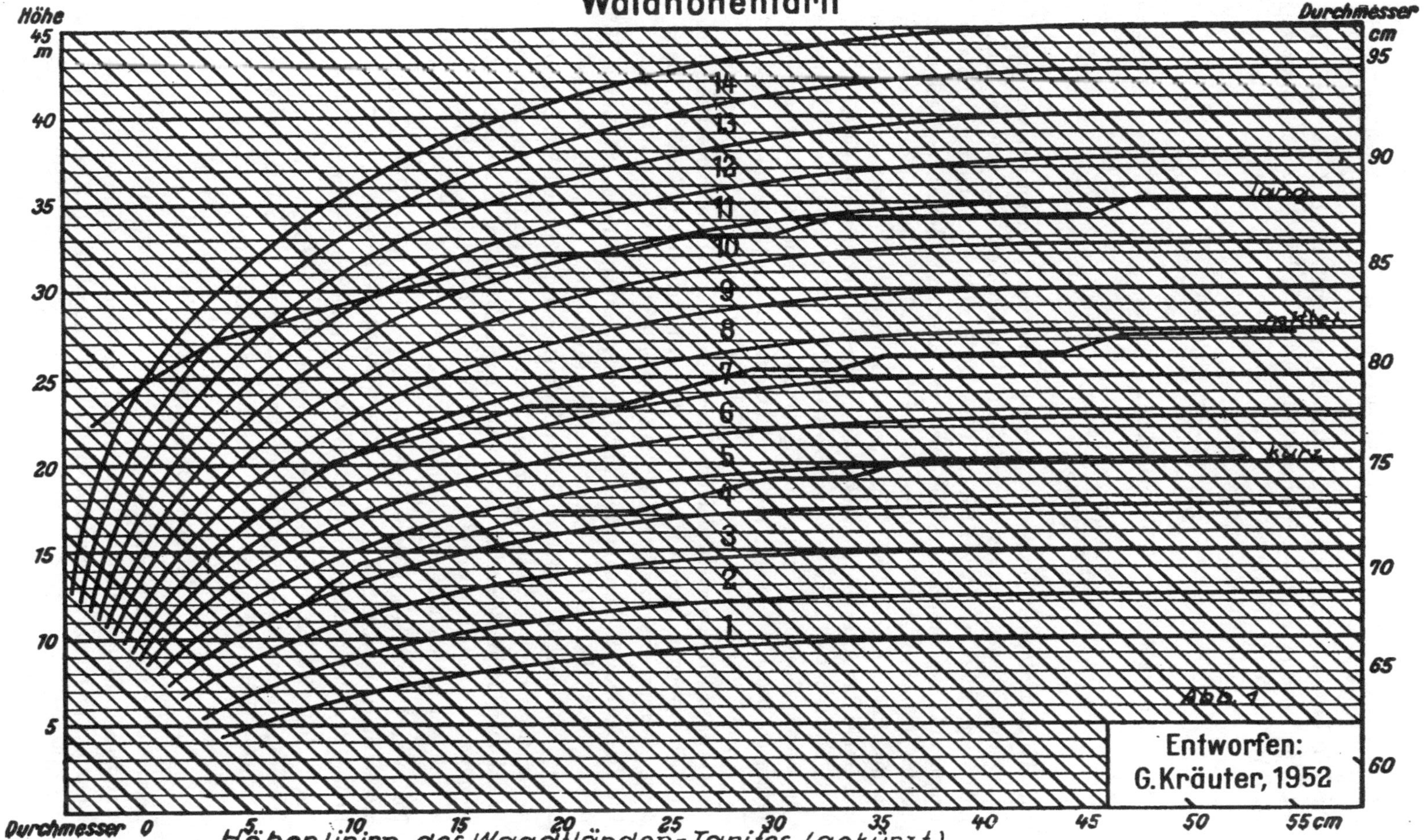

Höhenlinien des Waadtländer-Tarifes (gekürzt)

ALGAN hatte für seine Tarife keine Formeln aufgestellt. Zum Zwecke der Konstruktion eines langsameren Tarifes stellte SCHAEFFER (38) zunächst für die ALGAN-Tarife die Gleichung

$$v = \frac{k}{1400} \cdot (d - 5) \cdot (d - 10)$$

auf und änderte diese um in die Gleichung

$$v = \frac{k}{1800} \cdot d\,(d - 5).$$

Ein Baum verdoppelt jetzt sein Volumen, wenn sein Durchmesser von 15 auf 20 cm ansteigt, das Volumen verzehnfacht sich, wenn der Durchmesser von 25 auf 75 cm wächst. SCHAEFFER stellte seine „Tarifs lents“ auch nach Umfangstufen auf. Die Bestimmung des für eine bestimmte Bestockung geltenden Tarifes ist nicht mehr so einfach wie bei den ALGAN-Tarifen. Es ist wichtig, alle Probemessungen auf die gleiche „Fruchtbarkeit des Standortes“ zu beziehen und ferner das Alter der Bestockungen zu berücksichtigen oder als Ersatz für das Alter die mittlere Stärke heranzuziehen. SCHAEFFER (38, Seite 9) schreibt: „In solchen Forsten, wo die alten Populationen mit Tarif 18 kubiert zu werden verdienen, begnügt man sich mit den Nummern 10 und 12 der unteren Skala.“ Die ALGAN-Tarife sollen durch die SCHAEFFERschen Tarife „Tarifs lents“ nicht etwa abgelöst, sondern lediglich für Populationen vollkommener Homogenität ergänzt werden. Von SCHAEFFER (40) sind noch weitere Tarife in Anwendung, die er im „Barème forestier“ (1) veröffentlicht hat.

Die Tarife sind für Durchmesser- und Umfangmessung aufgestellt worden. Mit ihnen gibt SCHAEFFER Holzartentarife bekannt, die nach den Wachstumsbedingungen und äußerlich erkennbaren Merkmalen gruppiert sind. Von Bedeutung ist für die erwähnten Tarifgruppen das Verhältnis vom Mitteldurchmesser zum Brusthöhendurchmesser. Die Höhe wird nur bis zu dem geschätzten Zopfschnitt zur Unterteilung der Massenreihen benützt. Diese Tarife sind also lediglich als Schätzungsgrundlage zu verwenden.

Neben den bisher behandelten Einheitstarifen sind in der Schweiz auch Holzartentarife aufgestellt worden. Im Kanton Wallis sind zweistufige Tarife für Fichte, Kiefer und Lärche in Anwendung (Tarifs d'aménagement valaisans).

Der Tarif 1 wird für mittleres Holz verwendet, der Tarif 2 gilt für kurzes Holz. Die festgelegten Höhenlinien sind in Abb. 2 dargestellt. Die Maßeinheit ist der Festmeter. Der Tarif ist nach 2 cm-Durchmesserstufen angeordnet.

b) Sowjetische Tarifverfahren

Als eine tarifartige Massentafel wurde von W. A. ROSENBERG (36) eine „Massentafel zum Taxieren von Jungbeständen“ veröffentlicht. In dieser Tafel werden Baummassen für die Durchmesser von 1 bis 10 cm und für die Höhen 2, 4, 6, 8 m angegeben.

Waldhöhentarif

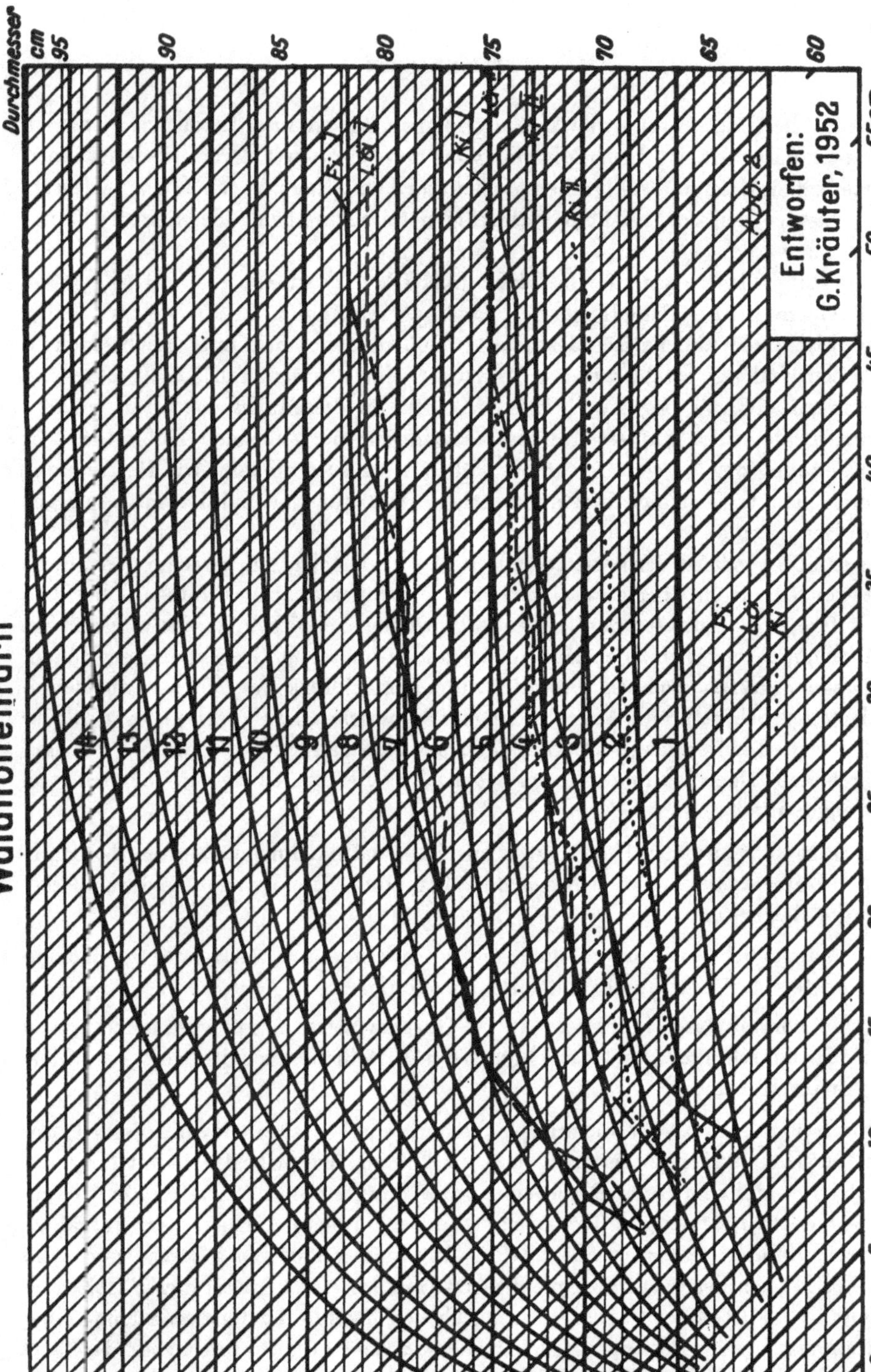

Höhenlinien des Walliser-Tarifes

Die Einheitsmassentafel, die zur allgemeinen Anwendung in der Sowjetunion empfohlen wurde, ist durch Mittelung der Massentafelwerte verschiedener Holzarten entstanden und stellt einen Einheitstarif dar. Nach Angaben des Verfassers soll dieser Tarif zu „orientierungsmäßigen Berechnungen“ (36, Seite 2) herangezogen werden.
Das Höhenklassensystem von TRETJAKOW (42) ist ein reines Tarifsystem. In seinem Buche „Handbuch des Taxators 1952“ gibt TRETJAKOW einige graphisch und tabellarisch festgelegte Höhenklassen bekannt. Solche Höhenklassen sind aufgestellt worden für Kiefer, Zirbel und Lärche, für Fichte und Tanne, für Birke, Aspe und Erle (Abb. 3). Zu diesen Höhenklassen gehören wuchsgebietsweise aufgestellte Massentarife für die einzelnen Holzarten. Vor Anwendung der Massentafel ist die Höhenklasse zu ermitteln. Die Bestimmung der Höhenklasse erfolgt über den mittleren Durchmesser und die mittlere Höhe der Bestockung.
Es ist also zunächst der mittlere Durchmesser der Holzart zu errechnen und dann die mittlere Höhe über diesem mittleren Durchmesser zu bestimmen. Über dem mittleren Durchmesser des Bestandes wird der Schnittpunkt des zugehörigen Mittelhöhenwertes mit der Höhenlinie der Ordinate im Graphikon der Höhenklassen markiert und die entsprechende Höhenklasse der Holzart abgelesen. Liegt der Schnittpunkt auf der Grenzlinie zwischen zwei Tarifen, so wird der niedrigere Tarif angewendet. Die Masse soll sich dadurch um etwa 5% geringer berechnen. Dazu ist folgendes zu sagen: Das Feststellen der Mittelhöhe kann erfolgen durch

a) Konstruktion einer Höhenkurve aus 15–20 Höhenmessungen bei der Holzvorratsaufnahme und Ablesen der Mittelhöhe über dem Mitteldurchmesser der Bestockung;

b) nachträgliche Höhenermittlung und als arithmetische Mittelung der Höhenwerte von Stämmen des mittleren Durchmessers;

c) Höhenermittlung in der geschätzten Durchmesserstufe mit voraussichtlichem Mitteldurchmesser und Errechnung der Mittelhöhe als arithmetisches Mittel dieser Höhenwerte.

Durch Verwendung der Bestandeshöhenkurve gehen zweifellos die Vorteile der festen Höhensysteme verloren, und es kommt lediglich die Ermittlung der mittleren Höhe nach der Beschreibung der Punkte *b* und *c* in Frage. Zu diesem Zwecke ist es ratsam, die Höhenermittlung schon bei der Holzvorratsaufnahme durchzuführen, und zwar die mittlere Durchmesserstufe zu schätzen und etwa 5–10 Höhen dieser Stufe zu messen. Das arithmetische Mittel dieser Höhen ist dann als „Mittelhöhe“ anzusehen. Durch den Einfluß der mittleren Höhe eines Bestandes bei der Bestimmung der Höhenklassen ist die Brauchbarkeit der Tafel für praktische Holzvorratsaufnahmen größeren Stils gesichert. Die Massentafeln sind holzartenweise und innheralb dieser Holzarten nach Wuchsgebieten gegliedert. Die Anordnung entspricht zweifellos den sehr wechselnden Waldverhältnissen in der UdSSR.

Waldhöhentarif

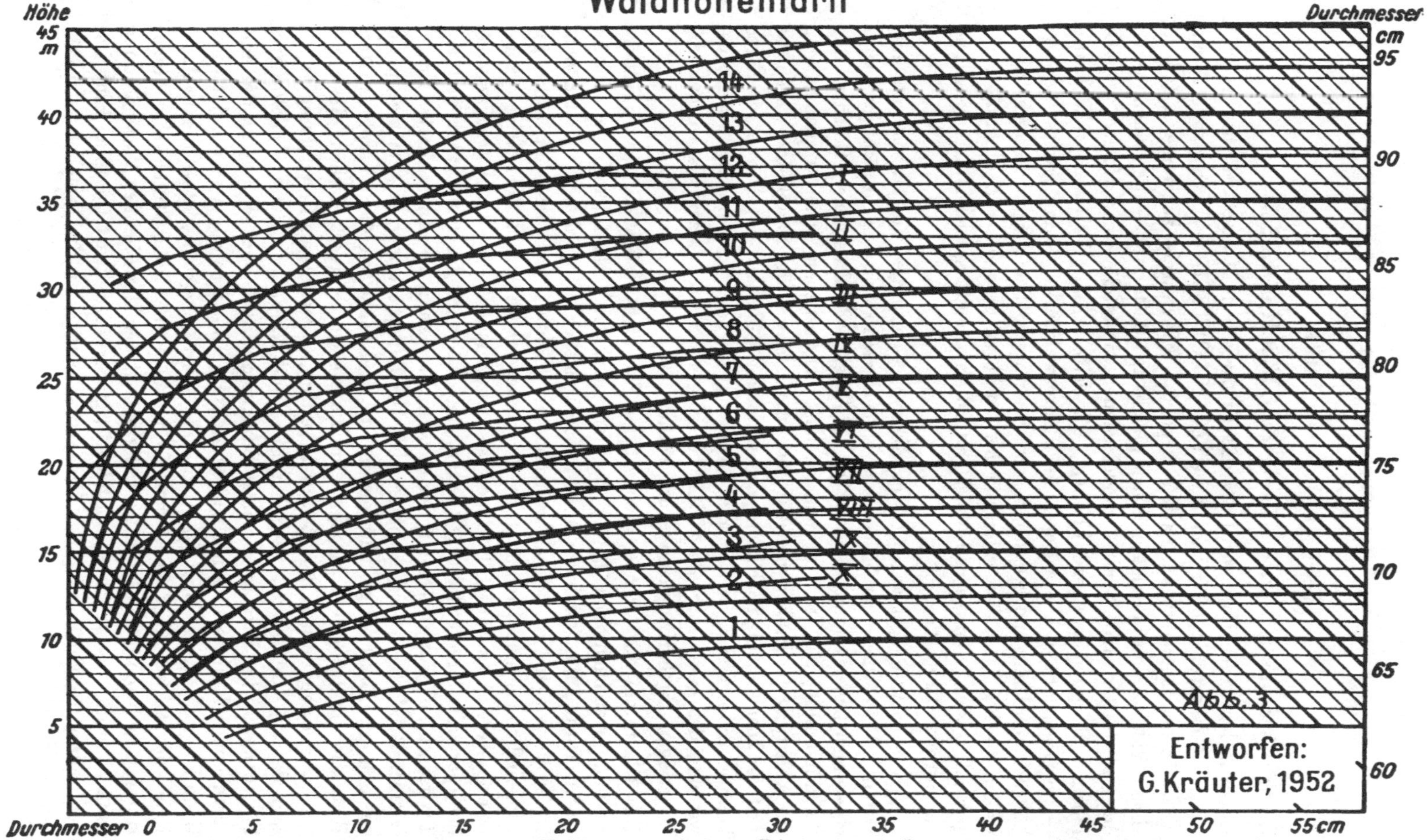

— Mittelwerte der Höhenklassen I–X für Kiefer, Zirbel u. Lärche nach Tretjakow (42)

c) Deutsche Tarife

Der Einheitshöhenstufen-Tarif (KRUTZSCH-LOETSCH)

Einen bedeutenden Fortschritt für das Tarifwesen in Deutschland brachte der Einheitshöhenstufen-Tarif von KRUTZSCH-LOETSCH (17). Der Aufstellung dieses Einheitshöhenstufen-Tarifes liegt die Erkenntnis zugrunde, „daß in einem Walde — mit in sich annähernd gleichalten Beständen — die Höhenkurven der nach Alter und Bonität verschiedenen Bestände einer Holzart gleiche Formen (Steigungstendenzen) haben" (17, Seite 41). Die Verfasser wenden also — im Gegensatz zu den Autoren der Plenterwaldtarife — das „konstante Verhältnis" von Höhe und Durchmesser in einem wesentlich engeren Bereich an; sie wollen die Einheitshöhenstufen nur bei Vorliegen besonderer Bedingungen angewendet wissen (annähernde Gleichaltrigkeit, Bonitätsgleichheit, Anwendung auf nur eine Holzart).

Das Kurvensystem ist auf 500 Höhenkurven sächsischer Fichtenbestände aufgebaut. „Beim Übereinanderlegen der Kurven ergab sich, daß für sämtliche Alter eine einheitliche Steigungstendenz gilt" (17, Seite 43). Eine nähere Beschreibung der Entstehung der Einheitshöhenstufen ist nicht gegeben. „Die Untersuchungen zur Ableitung der Einheitshöhenstufen der Kiefer und der Laubhölzer waren zur Zeit der Drucklegung noch nicht abgeschlossen" (17, Seite 44). Durch den Krieg konnten die Arbeiten nur langsam fortgesetzt werden. Vor der endgültigen Auswertung des gesamten von KRUTZSCH gesammelten Materials wurden die Unterlagen durch Kriegseinwirkung vernichtet.

Das Diagramm der „Einheitshöhenstufen für Fichte" besteht aus 15 Stufen, die von unten nach oben (I—XV) beziffert sind. Der Verlauf der Einheitshöhenstufen wurde auszugsweise in Abb. 4 wiedergegeben. Obwohl die Einheitshöhenstufen vorwiegend aus Unterlagen über die Fichte entstanden sind, sollte der Einheitshöhenstufen-Tarif auch bei der ersten Inventur nach dem Kriege in der Oberförsterei Sitzendorf/Thüringen als Einheitstarif verwendet werden; das heißt, er sollte für alle Holzarten gelten. Die Maßeinheit des Einheitshöhenstufen-Tarifes ist der Kluppfestmeter, der von den Verfassern als „angenäherter Erntefestmeter" (17, Seite 54) bezeichnet wird. Der Kluppfestmeter setzt sich ebenfalls aus den drei Faktoren ghf zusammen. Die Kreisfläche wie der Kluppfestmeter-Reduktionsfaktor f sind für eine Durchmesserstufe unveränderlich; die Höhe wird durch den Verlauf der 15 Stufen bestimmt. Aus dieser Feststellung ergibt sich, daß die Unterschiede zwischen Silve und Kluppfestmeter vor allem darin bestehen, daß bei Errechnung einer Silvenmasse nach dem M. d. c. zu der entsprechenden Kreisfläche nur eine Formzahl und nur eine Höhe verwendet wird. Beim Kluppfestmeter-Tarif gehört zu einer Kreisfläche wohl nur ein Idealwalzen-Reduktionsfaktor, aber es können 15 verschiedene Höhenstufenwerte hinzutreten. Das bedeutet, daß die Veränderlichkeit der Höhe bei der Massenbildung nach Kluppfestmetern besser berücksichtigt wird. Damit ist für einen Einheitstarif eine gute Annäherung der errechneten Massen an die Wirklichkeitswerte erreicht worden.

Waldhöhentarif

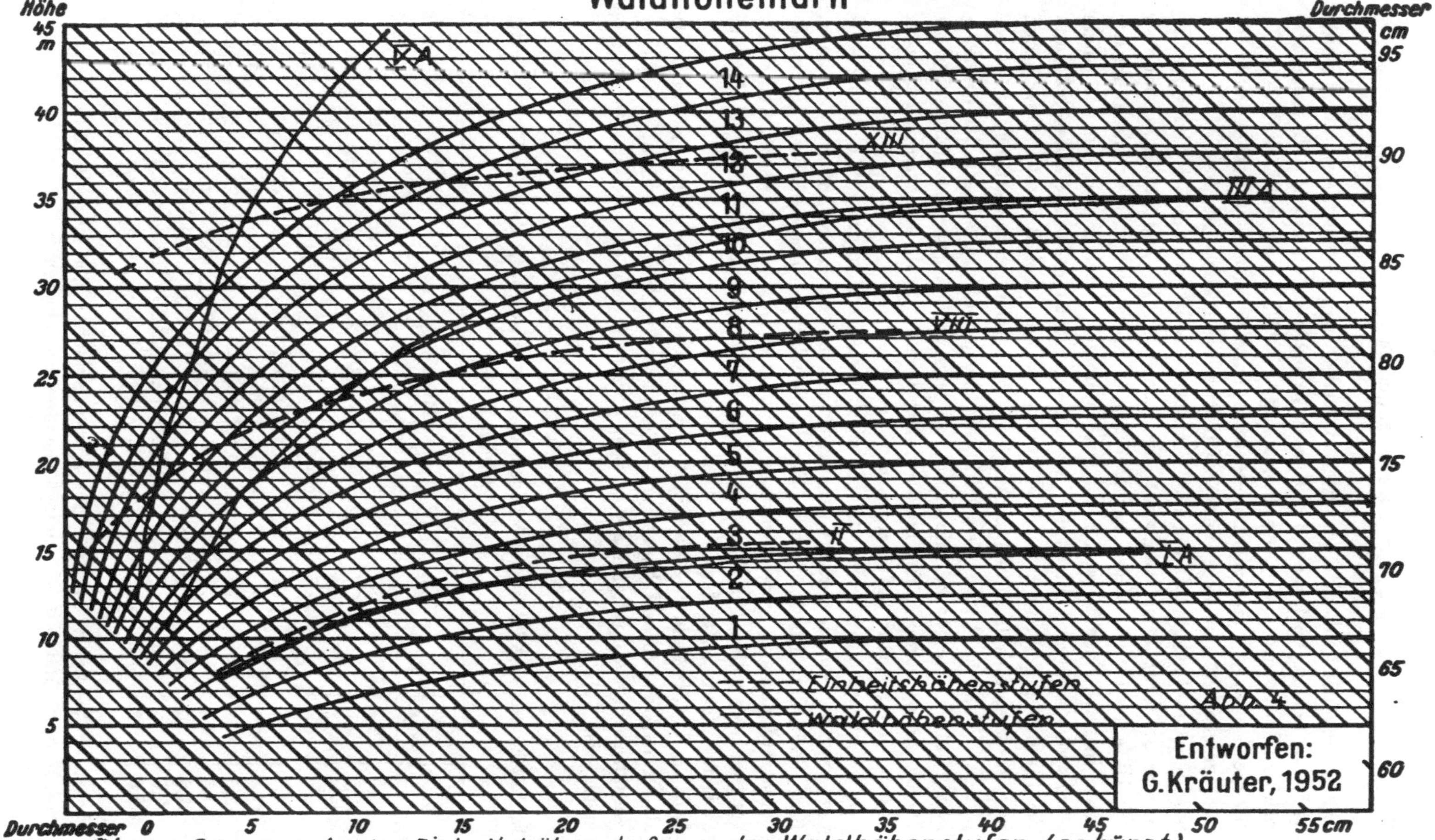

Obere Grenzwerte der Einheitshöhenstufen u. der Waldhöhenstufen (gekürzt)

Das System der Einheitshöhenstufen mit seiner Kluppfestmetergrundlage wurde von den beiden Verfassern des Buches „Holzvorratsinventur und Leistungsprüfung der naturgemäßen Waldwirtschaft“, KRUTZSCH und LOETSCH (17), für die Zwecke der Holzvorratsinventur auf mathematisch-statistischer Grundlage geschaffen und angewendet. Zur Festlegung der „Einheitshöhenstufe“ wird in jedem Probekreis von einem Stamm, der annähernd den mittleren Durchmesser des Probekreises aufweist, die Höhe und der Durchmesser gemessen. Mit Hilfe der Höhe und des Durchmessers ist es möglich, den Schnittpunkt der Koordinaten beider Merkmale im Diagramm festzustellen und ihn mit einem Punkt zu markieren. Die Stufe, in welche die meisten Punkte fallen, ist dann die für den betreffenden Bestand gültige. Werden bei Bonitätsunterschieden mehrere Einheitshöhenstufen in Anspruch genommen, so bedient man sich einer „Treppe“; das heißt, zum Beispiel bis zur Stärkestufe 2a ist nach der Einheitshöhenstufe X, die Stärkestufe 2b und folgende sind dagegen nach Stufe XI zu berechnen, wenn die Höhen bis 2a im Bereiche der Stufe X liegen und dann in das Bereich der Stufe XI übergehen.
Wie bereits erwähnt, waren die Einheitshöhenstufen ursprünglich für die Auswertungsarbeiten der Holzvorratsinventur in Sitzendorf/Thür. vorgesehen. KRUTZSCH wollte das System der Einheitshöhenstufen 1950 bei der Holzvorratsaufnahme in Sitzendorf dann nicht mehr angewendet wissen, weil es oft vorkam, daß selbst bei Fichte zu große Streuungen in den Höhenstufen auf kleinster Fläche auftraten.
LOETSCH (21) benutzt dieses System noch heute für die Holzvorratsinventur als Einheitstarif für alle Holzarten. Es ist darum wichtig, zu wissen, in welchem Verhältnis der Kluppfestmeter zu dem holzartenweise ermittelten Vorratsfestmeter steht.

TABELLE 1

Einheitshöhenstufe X im Vergleich zu den entsprechenden Formhöhen von Kiefer, Fichte, Buche, Eiche

Ø	Fh Kfm	Fh				Mittel	in % v. Kfm				Mittel
		Ki	Fi	Bu	Ei		Ki	Fi	Bu	Ei	
12,5	8,7	8,1	9,4	8,5	8,6	8,7	93,1	108,0	97,7	98,9	99,4
17,5	9,6	9,5	11,1	10,2	10,4	10,3	99,0	115,6	106,3	108,3	107,3
22,5	10,4	10,5	12,0	11,5	11;8	11,5	101,0	115,4	110,6	113,5	110,1
27,5	11,0	11,4	12,5	12,6	12,9	12,4	103,6	113,6	114,5	117,3	112,2
32,5	11,5	12,1	12,9	13,5	13,8	13,1	105,2	112,2	117,4	120,0	113,7
37,5	11,9	12,7	13,3	14,5	14,7	13,8	106,7	111,8	121,8	123,5	116,0
42,5	12,1	13,1	13,3	14,9	15,1	14,1	108,3	109,9	123,1	124,8	116,5
47,5	12,3	13,4	13,0	15,4	15,5	14,3	108,9	105,7	125,2	126,0	116,5
52,5	12,4	13,8	12,9	15,9	15,9	14,6	111,3	104,0	128,2	128,2	118,0
57,5	12,4	14,0	12,7	16,1	16,2	14,8	112,9	102,4	129,8	130,6	119,0
62,5	12,3	14,1	12,3	16,3	16,3	14,8	114,6	100,0	132,5	132,5	119,9

Für diese Vergleiche wurden die Kfm-Formhöhen der Einheitshöhenstufe X herangezogen und mit den entsprechenden Formhöhen für Derbholz-Vorratsfestmeter nach von LAER (23, 24) für Fichte, Kiefer, Buche und Eiche verglichen.

Da die Fichten-Schaftformzahlen sich vor allem in den hohen Durchmessern den Derbholzformzahlen nähern, sind die Kluppfestmetermassen mit den Vorratsfestmetermassen in bestimmten Grenzen vergleichbar. In den geringen Durchmesserstufen zeigt sich jedoch die Erscheinung, daß die Formhöhen des Kluppfestmeters größer sind als die des Derbholz-Vorratsfestmeters. Das ist an sich nicht möglich, da die Erntemassen immer geringer sein müssen als die Vorratsmassen. Dieser störende Einfluß erklärt sich aber wieder aus der Verwendung der Schaftholzmassen. Setzt man die Kluppfestmeter-Formhöhe gleich 100%, so ergibt sich bei einem Durchmesser von 12,5 cm, daß die Derbholzformhöhen der Kiefer, Buche, Eiche unter der des Kluppfestmeters liegen; lediglich bei der Fichte liegen die Vorratsfestmeter-Derbholzformhöhen 8% über dem Kluppfestmeter (Tab. 1, Abb. 5). Die Fichtenformhöhen für Derbholz steigen bis 17,5 cm Durchmesser, fallen dann allmählich ab und sind bei 62,5 cm Durchmesser den Kluppfestmeter-Formhöhen gleich. Das bedeutet also, daß die angenäherte Erntemasse der Vorratsfestmeter-Derbholzmasse entspricht. Die Formhöhen der Holzarten Kiefer, Buche, Eiche steigen mit zunehmendem Durchmesser fast gleichsinnig über die des Kluppfestmetertarifes. Bei 62,5 cm Durchmesser liegen Eiche und Buche 33% über den als 100% gesetzten Kluppfestmeterformhöhen, die Kiefer jedoch nur 15%. Ein Mischtarif aus den 4 Hauptholzarten als Mittel ihrer Formhöhen würde innerhalb der Durchmesser 22,5 bis 62,5 cm 10–20% über den Kluppfestmeter-Formhöhen liegen. Die einzelnen Holzarten weisen aber ein verschiedenes Verhältnis zum Kluppfestmeter im Einheitshöhenstufen-Tarif auf.

KRENNsche Tarife zur Massenberechnung gleichaltriger Hochwaldbestände

Außer den schweizerischen, auf Silven aufgebauten Einrichtungstarifen, die vorwiegend der Kontrollmethode in Plenterwaldgebieten dienen, stellte in neuerer Zeit KRENN (16) einen Einrichtungstarif auf der Grundlage von Ertragstafeln auf, der von der badischen Forsteinrichtung geprüft und als brauchbar erachtet wurde.

Die Berechnung geht nach KRENN folgendermaßen vor sich: An Hand einer Kluppliste, die die Durchmesserstufen und Stammzahlen enthält, wird schon im Walde die Festlegung des Höhenrahmens vorgenommen (jede Holzart wird besonders berechnet). Dazu ist es erforderlich, daß die Klupplisten vorliegen, nach denen die Stärkestufe auszusuchen ist, in die vermutlich der Kreisflächenmittelstamm fällt. Für diese Stärkestufe wird in dem der Holzart entsprechenden Tarif nachgeschlagen und festgestellt, welcher Tarifstufe die Mittelhöhe der Holzart entspricht. Im allgemeinen wird der Mitteltarif anzuwenden sein. Liegt die Mittelhöhe tiefer, so wird der untere, liegt sie höher, der obere Tarif angewendet. Der Verlauf der unterstellten Höhentarife wurde auszugsweise in Abb. 6 wiedergegeben. Zur weiteren Auswertung der Massenaufnahme ist die genaue Berechnung des Mitteldurchmessers erforderlich. Der Mitteldurchmesser errechnet sich nach der Formel

$$G:N = g_m \text{ daraus } d_m,$$

wobei G die Bestandesgrundfläche, N die Stammzahl, g_m die Kreisfläche des Kreisflächenmittelstammes und d_m der Durchmesser des Kreisflächenmittelstammes darstellen. In dem der Holzart entsprechenden Tarif wird dann die Masse des Kreisflächenmittelstammes aufgesucht und mit der gesamten Stammzahl der Bestockung multipliziert:

$$V = v_m \cdot N.$$

Das Verfahren soll nach Angabe KRENNs das Massentafelverfahren voll ersetzen können. Einen besonderen Vorteil sieht KRENN in der Möglichkeit einer genügend genauen Zuwachsermittlung durch periodische Messungen des Holzvorrates. Wenn in gleichaltrigen, gleichmäßigen Beständen das Verfahren KRENN auch gute Ergebnisse bringt, so treten in ungleichmäßigen oder ungleichaltrigen Bestockungen stärkere Abweichungen und Fehler auf, die mit der Ermittlung des Kreisflächenmittelstammes zusammenhängen. KRENN (16) schreibt hierzu: „Durchweg weisen die besseren Bonitäten bei gleichem Durchmesser und vergleichbarem Durchforstungsgrad größere Mittelhöhen auf. Die Streuwerte sind allerdings von Holzart zu Holzart sehr verschieden. Sehr auffällig wird das Verhältnis $h_m : d_m$ durch die Durchforstung beeinflußt. Je stärker die übliche Durchforstung gehandhabt wird, um so geringer wird die Mittelhöhe bei gleichem Mitteldurchmesser" (16, Seite 8). KRENN sieht hier eine Gefahr für die Zuwachsberechnung durch die periodische Bestandesaufnahme und will die Bestände deshalb erst nach $\frac{u}{2}$ in bestimmte Tarifgruppen einteilen.

Neben den Vorteilen der einfachen Höhenermittlung (Schätzung des Höhenrahmens), der einfachen Massenberechnung und der Möglichkeit der Zuwachserfassung sind nachteilig: Die „globale Massenermittlung" (32, Seite 166) ohne Stärkestufengliederung gerade für gemischte und ungleichmäßige Bestände sowie die „Empfindlichkeit" des Kreisflächenmittelstammes gegen Hiebseingriffe.

Deutsche Plenterwaldtarife

Im Jahre 1947 stellte PRODAN (33) provisorische Massentarife für Fichte und Tanne im Plenterwald auf. Die diesen Tarifen zugrunde liegenden Höhenkurven wurden an Hand mathematischer Gleichungen konstruiert. Sie stellen an sich Bonitätskurven des Plenterwaldes dar. Da aber die Höhen der Durchmesserstufen im echten Plenterwald als „konstant" angenommen werden können, können die Bonitätskurven als Höhenkurven angesehen und zur Massenberechnung herangezogen werden (Abb. 7). PRODAN (33, Seite 6) schreibt hierzu: „Die Massentarife wurden nach denselben Richtlinien konstruiert wie die Höhenkurven. Die Anwendung dieser Massenkurven muß mit großer Vorsicht geschehen, da diese nur für echte Plenterwälder den entsprechenden Verlauf anzeigen,

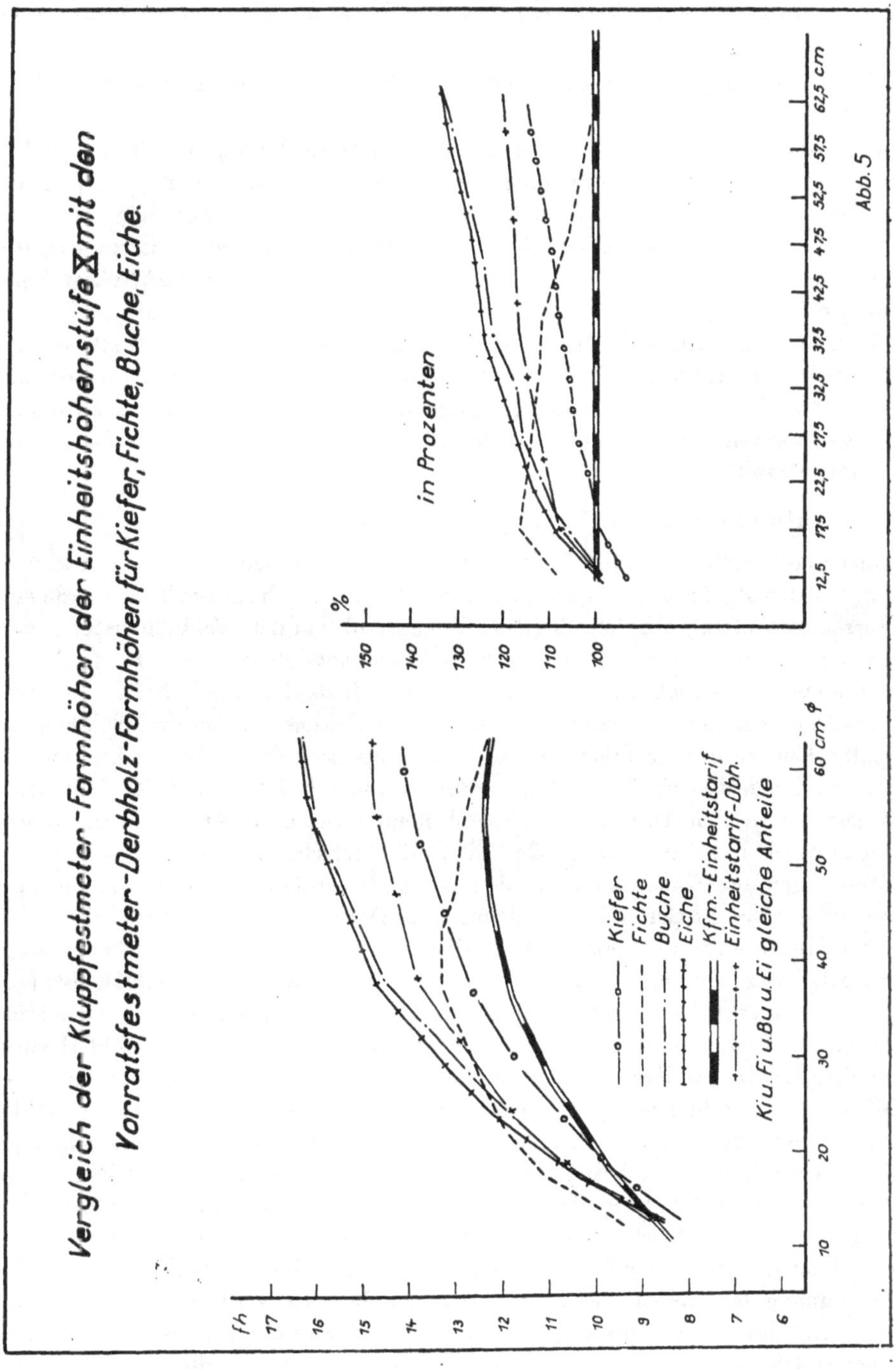
Vergleich der Kluppfestmeter-Formhöhen der Einheitshöhenstufe X mit den
Vorratsfestmeter-Derbholz-Formhöhen für Kiefer, Fichte, Buche, Eiche.
Kiefer
Fichte
Buche
Eiche
Kfm.-Einheitstarif
Einheitstarif-Dbh.
Ki u. Fi u. Bu u. Ei gleiche Anteile
fh
17
16
15
14
13
12
11
10
9
8
7
6
10
20
30
40
50
60 cm ϕ
in Prozenten
%
150
140
130
120
110
100
12,5
17,5
22,5
27,5
32,5
37,5
42,5
47,5
52,5
57,5
62,5 cm
Abb. 5

während in plenterwaldähnlichen Waldbeständen systematische einseitige Fehler durch zeitliche Verlagerungen der Werte der Bestandeselemente entstehen können."

Eine Darstellung der verschiedenen Höhenkurven ist auszugsweise in Abb. 7 wiedergegeben.

Auch ASSMANN (3) weist darauf hin, daß die Höhenkurven des Plenterwaldes nur unter bestimmten Bedingungen als konstant anzusehen sind: „Die Höhenkurven sind nur dann ‚stationär', wenn das Plentergleichgewicht für eine gegebene Vorratshöhe und eine bestimmte Umtriebszeit erreicht ist und ferner beibehalten wird" (3, Seite 177). Damit ist die Mahnung PRODANs zur Vorsicht bei der Anwendung seiner Höhenkurven zum Zwecke der Massenermittlung im Plenterwald wie auch für die Bonitierung dieser Bestockungen verständlich. Auch andere Autoren (27) haben Veränderungen der Höhenverhältnisse im Plenterwald festgestellt. Als maßgebende Gründe für die Bewegung der Höhenkurven werden Ungleichmäßigkeit der Hiebseingriffe sowie Veränderungen der „Umtriebszeit" angesehen.

Der Waldhöhenstufen-Tarif (KRUTZSCH)

Über den Waldhöhenstufen-Tarif ist von KRUTZSCH lediglich eine Broschüre für den Dienstgebrauch herausgegeben worden (18). Nach seinem Tode wurde ein Forschungsauftrag mit dem Ziele der Rekonstruktion der Waldhöhenstufen begonnen. Da außer mir niemand Einblick in die Entstehung dieses Tarifes hatte und andererseits auch keine Unterlagen mehr aufzufinden waren, habe ich diesen Forschungsauftrag gern übernommen und die Rekonstruktion der Waldhöhenstufen-Kurven durchgeführt. Dieser mehrteilige Einheitstarif hat zehn Höhenstufen, die in den Endhöhen 5 m umfassen und mit I A, I B, II A, II B usw. bezeichnet werden. Der Verlauf dieser Höhenkurven ist in Abb. 4 auszugsweise wiedergegeben. Da trotz des großen Intervalles der Höhenstufen noch erhebliche Streuungen der Einzelstämme in den Waldhöhenstufen auftraten, war die Berechnung eines mittleren Tarifes als mit dem Durchmesser gewogenes arithmetisches Mittel notwendig geworden. Zu diesem Zwecke war es erforderlich, neben der alten Bezeichnung I A, I B usw. eine andere Bezeichnung der Höhenstufen mit Ordnungszahlen einzuführen. Da die Holzvorratsaufnahme auch weiter in Form von Probekreisen durchgeführt werden sollte, war von KRUTZSCH vorgesehen, in jedem Kreis zwei Stämme durch die Höhen- und Durchmesser-Messungen zu erfassen, die A-Kronen aufweisen sollten. Damit sollte die maximale Waldhöhe ermittelt werden. Die Messungen wurden ohne Rücksicht auf die Holzarten durchgeführt. Dieses Vorgehen bedeutet, daß bei der Bestimmung der mittleren Waldhöhenstufe einer Bestockung alle vorkommenden Holzarten zu einem mit dem Durchmesser gewogenen arithmetischen Mittelwert zusammengerechnet werden. Jeder Waldhöhenstufe entspricht eine Massenlinie, die für die Berechnung der Massen aller Holzarten zugrunde gelegt wird. Es läßt sich leicht erklären, daß bei der großen Streuung der Höhendurchmesserwerte innerhalb einer Holzart und der noch größeren zwischen den Holzarten die mittlere Wald-

Waldhöhentarif

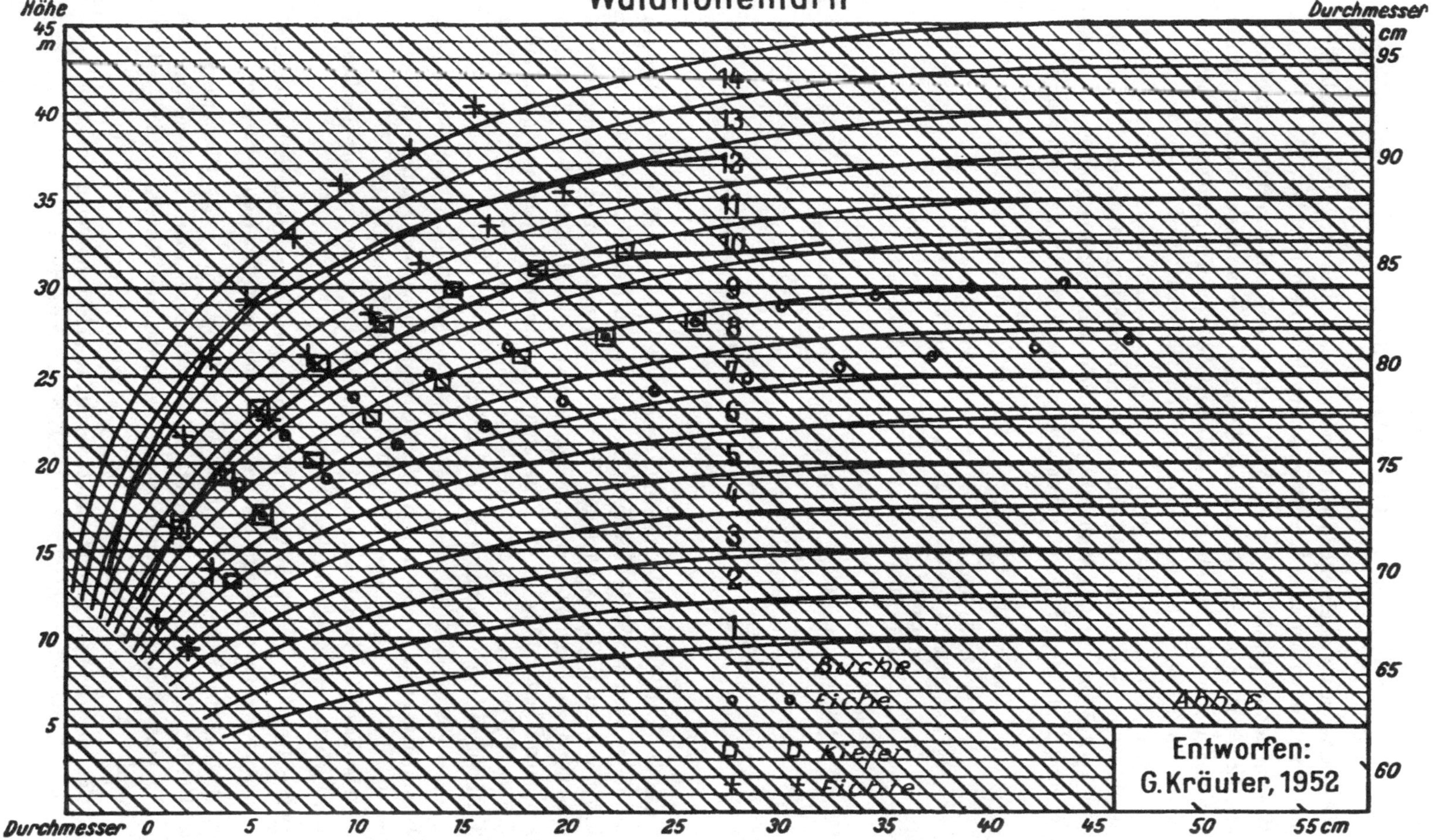

Mittelwerte der Krenn-Tarife

höhenstufe fast ausschließlich ein Produkt des Zufalls ist. Diese Zufälligkeit macht sich dann bei den Massenberechnungen stark bemerkbar.

Wie verhalten sich die nach dem Waldhöhenstufen-Tarif ermittelten Massen zu den Ergebnissen anderer Massenberechnungen? Die mittlere Waldhöhenstufe, von mir probeweise nur für je eine Holzart berechnet, repräsentiert nur etwa in 60–70% aller Fälle das Verhältnis von Höhe zu Durchmesser des Kreisflächenzentralstammes mit weniger als ± 1 m Höhenfehler. Innerhalb der Mischbestockungen können die Abweichungen auch holzartenweise beträchtlich sein, so daß die mittlere Waldhöhenstufe sehr vom zufällig gemessenen Holzartenanteil abhängig ist. So ergeben sich in Mischbestockungen zum Beispiel:

73 h Eberswalde		Endwerte der Waldhöhenstufen
für die Buche	III B	35–40 m Höhe
für die Kiefer	III A	30–35 m Höhe
für die Birke	IV A	40–45 m Höhe
für die Hbu	IV B	45–50 m Höhe
oder 101 f		
für die Kiefer	III A	30–35 m Höhe
für die Fichte	III A	30–35 m Höhe
für die Buche	II A	20–25 m Höhe
möglich noch	III A	
	II B	(da Spanne II A–III A)
	II A	

Nach Stufe III A errechnet sich eine Gesamtmasse von 30,83 fm. Wird dagegen die Masse nach der Stufe II A berechnet, so ergeben sich 20,76 fm. Mit dieser zu hohen oder zu niedrigen Lage der Waldhöhenstufen ergeben sich allgemein entsprechend zu hohe oder zu niedrige Massen. Die Massenzahlen schwanken zwischen 81 und 114% um die Ergebnisse nach der Massenberechnung mit Hilfe der GRUNDNER-SCHWAPPACH-Massentafel, wenn der Waldhöhenstufen-Tarif auf nur eine Holzart angewendet wird.

Um diese Vergleiche zu ermöglichen, wurden die Kluppfestmeterzahlen des Waldhöhenstufen-Tarifes durch Vorratsfestmetermassen ersetzt. Verwendet wurden die Formzahlen von GRUNDNER-SCHWAPPACH (12).

Welche Faktoren beeinflussen die Ergebnisse bei einer Berechnung der Massen mit Hilfe des Waldhöhenstufen-Tarifes?

1. Um die heute von einem Massenberechnungsverfahren erforderliche Genauigkeit zu erreichen, ist eine bessere Berücksichtigung der Höhe notwendig.
2. Die Art der Höhenermittlung im Bestand sowie die grobe Gliederung des Höhentarifes sind nicht geeignet, einheitliche Ergebnisse zu liefern, weil die für eine Massenberechnung unbedingt erforderliche Mittelhöhe nicht erfaßt wird.
3. Die verwendeten Kluppfestmeter-Reduktionsfaktoren sind nicht so universell anwendbar, wie es von KRUTZSCH vorgesehen war.

Waldhöhentarif

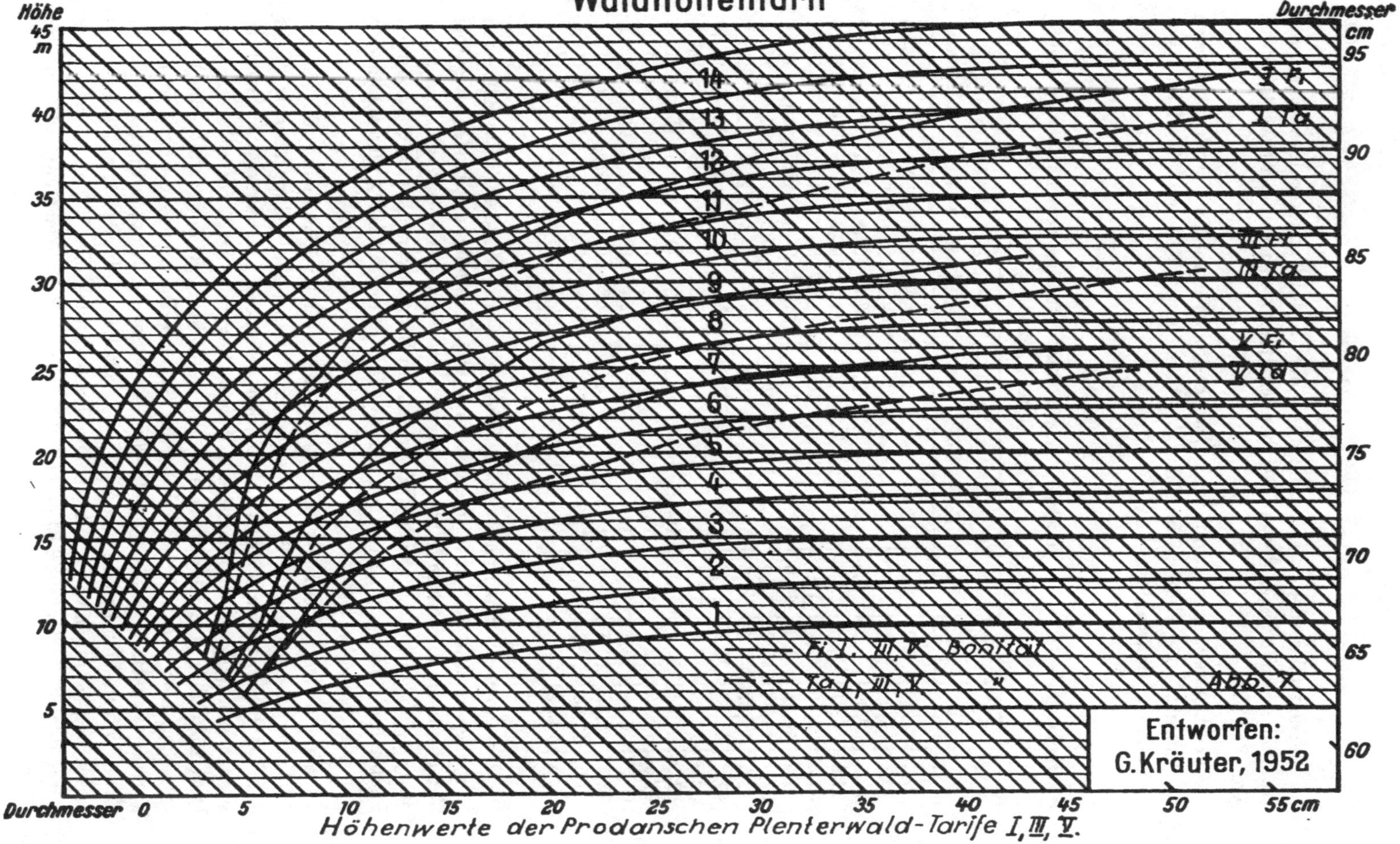

Im folgenden werden die Verhältnisse der Kluppfestmeter-Formhöhen der Waldhöhenstufen denen der entsprechenden Holzarten gegenübergestellt (Tab. 2, Abb. 8a, 8b).

Aus den Darstellungen ergibt sich der wechselnde Verlauf der Formhöhenkurven der Holzarten bei Unterstellung der Waldhöhenstufe III A und der Kluppfestmeter-Reduktionszahlen.

TABELLE 2

Waldhöhenstufe III A im Vergleich zu den entsprechenden Formhöhen von Fichte, Kiefer, Eiche, Buche

∅	Fh Kfm	Fh				Misch-tarif	Fh. in % v. Kfm-Fh				Misch-tarif
		Fi	Ki	Ei	Bu		Fi	Ki	Ei	Bu	
7,5	4,18	2,7	2,8	2,5	—	2,7	64,6	67,0	59,8	—	64,6
12,5	5,92	6,4	5,5	5,6	5,6	5,8	108,1	92,9	94,6	94,6	98,0
17,5	7,34	8,3	7,4	7,9	7,5	7,7	113,1	100,8	107,6	102,2	104,9
22,5	8,51	9,6	8,8	9,6	9,2	9,3	112,8	103,4	112,8	108,1	109,3
27,5	9,53	10,9	10,1	11,3	10,8	10,5	114,4	106,0	118,6	113,3	110,2
32,5	10,38	11,6	11,0	12,4	12,0	11,5	111,8	106,0	119,5	115,6	110,8
37,5	11,08	12,2	11,9	13,5	13,2	12,4	110,2	107,5	122,0	119,2	111,9
42,5	11,62	12,6	12,6	14,3	14,2	13,1	108,4	108,4	123,1	122,2	112,7
47,5	12,13	12,8	13,2	15,5	15,1	13,7	105,5	108,8	127,8	124,5	112,9
52,5	12,42	13,1	13,8	16,0	16,0	14,2	105,5	111,1	128,8	128,8	114,3
57,5	12,66	12,9	14,1	16,4	16,3	14,5	101,9	111,4	129,5	128,8	114,5
62,5	12,78	12,7	14,4	16,9	16,8	14,7	99,4	112,7	132,2	131,5	115,0
67,5	12,84	12,5	14,6	17,2	17,1	14,7	97,4	113,7	134,0	133,2	114,5
72,5	12,86	12,5	14,7	17,5	17,4	14,8	97,2	114,3	136,1	135,3	115,1
77,5	12,80	12,2	14,7	17,6	17,4	14,7	95,3	114,8	137,5	135,9	114,8
82,5	12,77	12,0	14,7	17,8	17,4	14,7	94,0	115,1	139,4	136,3	115,1

Die Durchmesserspanne reicht bis 82,5 cm, die Formhöhe der Fichte fällt nach Durchmesserstufe 62,5 unter die des Kfm. Die Formhöhe der Kiefer steigt bei 17,5 cm über die Kluppfestmeter-Werte und liegt nach fast gleichmäßiger Steigung 15% über der gleich 100% gesetzten Kluppfestmeter-Linie. Die beiden Laubhölzer Buche und Eiche enden etwa 36% über der mit 100% angenommenen Linie des Kluppfestmeters.

Etwas günstiger scheint der Mischtarif aus 0,4 Kiefer; 0,3 Fichte; 0,2 Buche; 0,1 Eiche abzuschneiden. Er wurde von mir analog zum Kluppfestmeter-Tarif der Waldhöhenstufen aufgestellt. In den geringeren Durchmessern bleibt er zwar auch unter den Kluppfestmeter-Werten, liegt aber bei 22,5 cm Durchmesser etwa 10% über dem Kluppfestmeter und steigt bis 57,5 cm ganz allmählich auf 15% und hält sich auf dieser Höhe bis 82,5 cm Durchmesser. Setzt man die Vorratsfestmeter-Formhöhe gleich 100%, so würde der Kluppfestmeter zwischen 22,5—57,5 cm Durchmesser im Mittel bei 95% liegen, das heißt, daß der Ernteverlust 5% betragen würde, für die Durchmesserstufe über 57,7 cm Durchmesser wären dann 13% Ernteverlust einkalkuliert. Bei dem Vergleich mit den Einheits-

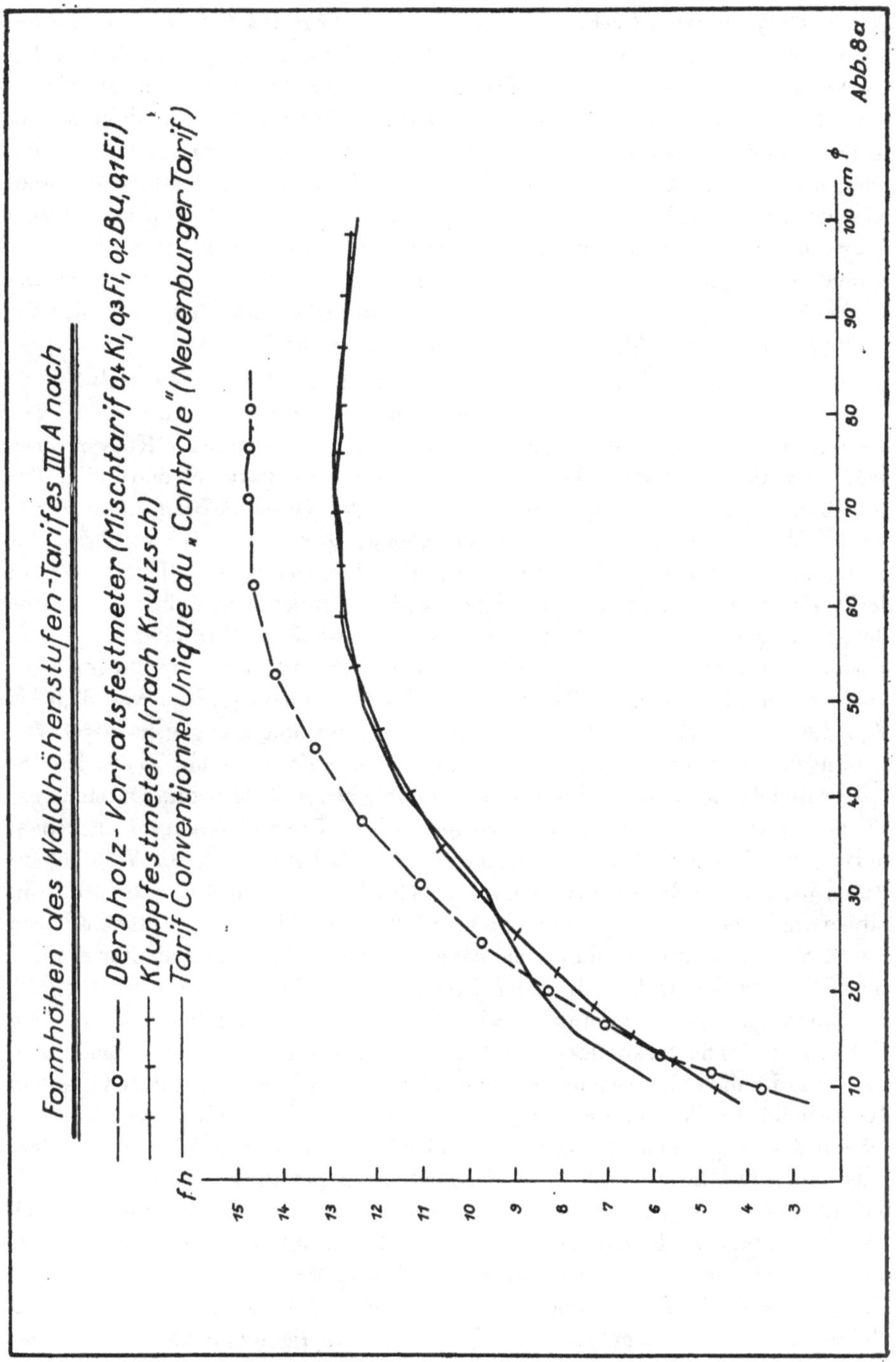
Formhöhen des Waldhöhenstufen-Tarifes III A nach
Derbholz-Vorratsfestmeter (Mischtarif 0,4 Ki, 0,3 Fi, 0,2 Bu, 0,1 Ei)
Kluppfestmetern (nach Krutzsch)
Tarif Conventionnel Unique du „Controle" (Neuenburger Tarif)
fh
15
14
13
12
11
10
9
8
7
6
5
4
3
10
20
30
40
50
60
70
80
90
100 cm ⌀

Abb. 8a

höhenstufen ergibt sich, daß bei 17,5 cm der Kluppfestmeter etwa 7% unter dem gleich 100% gesetzten Derbholz-Vorratsfestmeter liegt, bei 37,5 cm Durchmesser etwa 14% und bei 62,5 cm etwa 17%. Diese Untersuchungen wurden analog zu Veröffentlichungen von LOETSCH (21) in der Zeitschrift für Weltforstwirtschaft gemacht. Solche Vergleiche mit einem Mischtarif durchzuführen, sind meines Erachtens von geringem Wert, weil die Holzarten sich eben doch ganz verschieden verhalten, vor allem auch in ihren Tendenzen so verschieden sind, wie sich aus der Tabelle 2 und den Graphika 8a u. 8b ergibt. Von besonderem Interesse sind die beiden Formhöhenkurven der Waldhöhenstufen III A, die einmal die Kluppfestmeter-Formhöhe, dann die Formhöhe für Vorratsfestmeter-Derbholz wiedergeben. Auch hier zeigten sich die Überschneidungen infolge der verschiedenen Formzahlgrundlagen, die schon besprochen wurden.

Bei der Gegenüberstellung der Formhöhenkurven im gleichen Maßstab fiel die Ähnlichkeit der Formhöhenkurve Waldhöhenstufe III A in Kluppfestmeter mit der Formhöhenlinie des M. d. c. auf. Es wurden noch einmal beide Kurven überprüft und die Formhöhen des M. d. c. auf das gleiche Blatt mit den Linien der Waldhöhenstufe III A gezeichnet. Lediglich in den Durchmessern unter 30 cm, wo der M. d. c. einige Unregelmäßigkeiten zeigt, verläuft die Kurve der Waldhöhenstufe III A ausgeglichen unter der des M. d. c. Der restliche Kurvenverlauf deckt sich fast vollkommen. Man ist versucht, anzunehmen, daß irgendwelche Beziehungen zwischen beiden Kurven bestehen. Reine Zufälligkeiten kann man fast nicht annehmen, da die Übereinstimmung nicht in lockerer Berührung liegt, sondern sich die Linien in 13 Punkten, in der Durchmesserspanne von 37,5 bis 97,5, praktisch decken. Unterstützt wird die Vermutung der gegenseitigen Beziehungen durch das gleichmäßige gemeinsame Aufsteigen bis 75 cm Durchmesser und den folgenden gemeinsamen allmählichen Abfall bis zum Durchmesser 95 cm. Sollten Beziehungen zwischen den beiden Formhöhenkurven bestehen, so ist anzunehmen, daß der Verlauf des M. d. c. als Leitlinie für die Waldhöhenstufen benutzt wurde. Im allgemeinen ist beim M. d. c. jedoch nur die Masse in Silven angegeben. Die Massenangabe könnte für die Ableitung der Höhenkurven des M. d. c. nichts nützen, da in den Massen die Kreisflächen und die Formzahlen enthalten sind. Die Höhen für diesen Tarif sind jedoch in keiner Veröffentlichung zu finden, ebensowenig konnten die Formzahlwerte gefunden werden. Den Höhenwerten näher zu kommen konnte aber nur über die Formhöhen möglich sein. Da auch hier die entsprechenden Formzahlen nicht bekannt sind, durch die man die Formhöhe teilen müßte, um auf die Höhenwerte des M. d. c. zu kommen, scheint der Weg in einer Sackgasse zu enden. Es liegt der Gedanke nahe, andere Formzahlreihen zur Division der Formhöhen zu benutzen. Dabei lassen sich natürlich nicht die genauen Höhenwerte des M. d. c. errechnen, aber es muß sich eine Höhentendenz herauslesen lassen. Bei KRUTZSCH lagen die Kluppfestmeter-Reduktionsfaktoren vor. Wenn die Formhöhen des M. d. c. durch die Kluppfestmeter-Reduktionsfaktoren geteilt werden, bekommt man die mittleren Höhenwerte der Waldhöhenstufe III A, Tab. 3, die die mittlere Stufe des Systems darstellt.

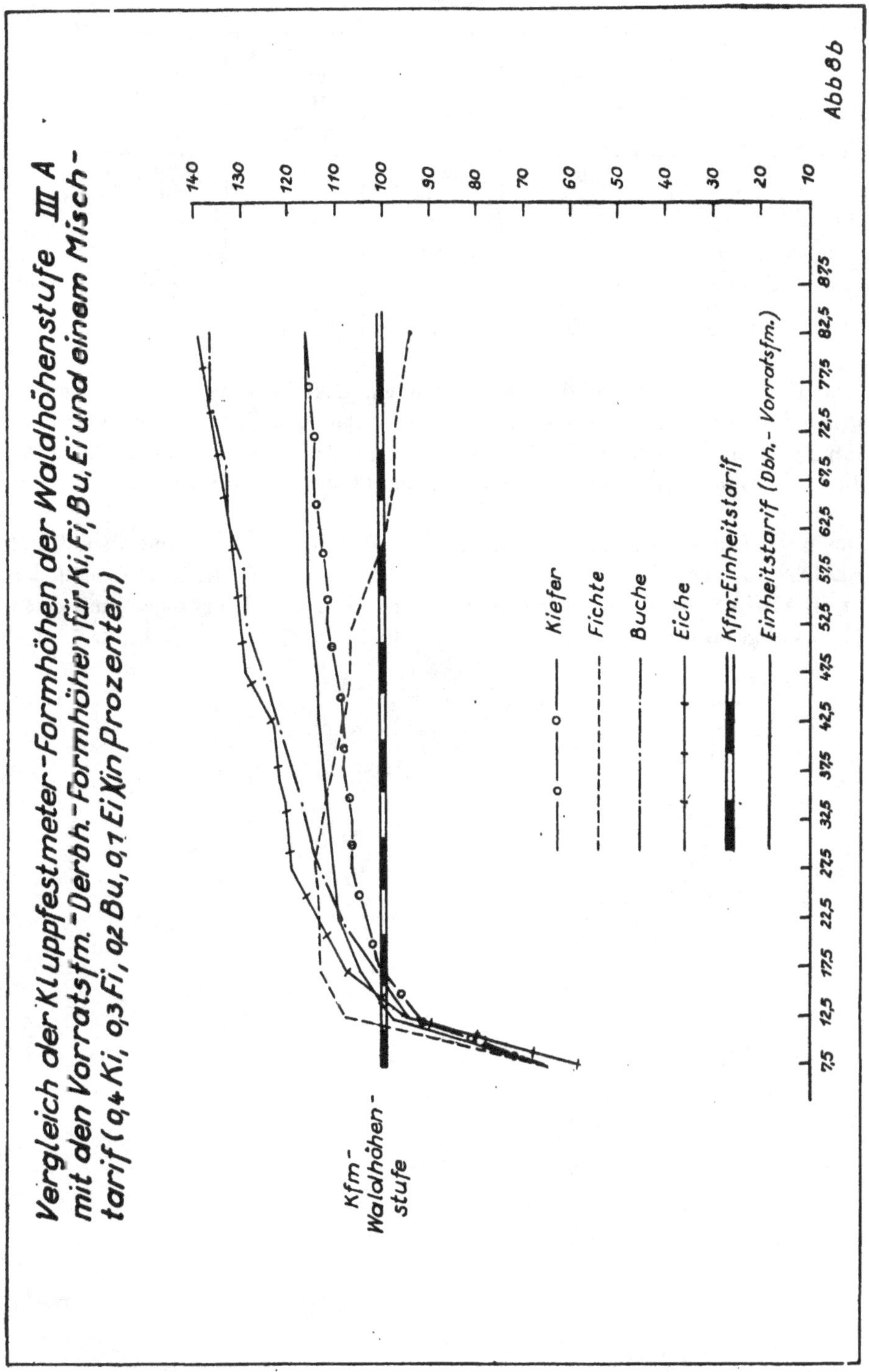

Vergleich der Kluppfestmeter-Formhöhen der Waldhöhenstufe III A mit den Vorratsfm.-Derbh.-Formhöhen für Ki, Fi, Bu, Ei und einem Mischtarif (0,4 Ki, 0,3 Fi, 0,2 Bu, 0,1 Ei)(in Prozenten)

Abb 8b

TABELLE 3

Durchmesser	Formhöhe d. M. d. c.	Klupp-festmeter-Formzahl	Höhe aus Fh des M. d. c. F (Kfm)	Wirkliche Mittelhöhe III A
30	9,70	432	22,45	23,0
40	11,37	420	27,07	27,0
50	12,34	412	29,95	29,7
60	12,74	405	31,45	31,4
70	12,87	399	32,26	32,2
80	12,81	394	32,51	32,5
90	12,63	389	32,47	32,5

Sind die angedeuteten Beziehungen vorhanden, so ist damit auch die letzte offene Frage des Forschungsauftrages über die Waldhöhenstufen beantwortet und die Linie gefunden, die KRUTZSCH vielleicht zum Ausgleich und als Leitlinie für die fünf aus der Ertragstafel errechneten Bonitätslinien Höhe über Durchmesser benutzte.

Die gute Übereinstimmung zwischen den Waldhöhenstufen und dem Tarif ALGAN, die LOETSCH (21) feststellte, ist damit ganz erklärlich; denn der Tarif ALGAN wurde beim Korrigieren des M. d. c. herangezogen und nach diesem abgeändert.

3. DER INNERE AUFBAU DER MASSENTARIFE UND DIE ZUSAMMENHÄNGE ZWISCHEN DEN EINZELNEN TARIFVERFAHREN

a) Allgemeines zu einer Untersuchung über den Aufbau der Tarife

Die Inhaltszahlen von Einzelstämmen sind Produkte aus der Stammgrundfläche in 1,3 m Höhe — der Brusthöhe — der Gesamtlänge des Baumes und aus der Formzahl, einem Reduktionsfaktor, der sich errechnet aus der Formel

$$\frac{m}{g \cdot h} = f.$$

Wie schon an anderer Stelle beschrieben, wirkt die Stammgrundfläche bei der Inhaltsberechnung von Einzelbäumen verschiedener Holzarten — aber gleicher Durchmesser — gleich stark auf das Produkt $m = ghf$ ein. Dieser Faktor, der bei gleichem Durchmesser unabhängig von allen anderen Faktoren immer die gleiche Größe hat, kann bei Einzelstammvergleichen nicht stören. Aus dem Produkt ghf ist so die Verschiedenheit der variablen Faktoren hf nach Holzarten und Einzelstämmen schon zu erkennen. Anders ist es, wenn Stämme verschiedenen Durchmessers verglichen werden sollen. In diesem Falle kann ein Stamm mit höherer Masse schon einen absinkenden hf-Wert haben, der durch die mit zunehmendem Durchmesser steigende Kreisfläche (Abb. 9) überdeckt wird. Es ist also für Vergleiche von Einzelstämmen verschiedener Durchmesser, besonders aber bei Untersuchungen von Tarifen, die ja mittlere Einzelstammwerte darstellen, erforderlich, die Kreisfläche aus dem Produkt ghf zu isolieren. Die Darstellung der Massenlinien sagt nur wenig über den Verlauf der beiden variablen Faktoren und ist deshalb nur in einem Beispiel dargestellt (Abb. 10).

Von großer Bedeutung ist der Wert der Formhöhe $h \cdot f$ bei der Untersuchung der Massenlinien von Tarifen. Die Darstellung der beiden Faktoren getrennt, also die Höhenwerte getrennt von den Formzahlen, würde wiederum zu weit führen, da die beiden Faktoren im Tarif nicht gleichsinnig verlaufen, sondern die „Formzahl" — wenn man den Wert in diesem Zusammenhang überhaupt so nennen darf — mit zunehmendem Durchmesser einmal steigt und einmal fällt. Sie ändert sich mit der Höhe und ist zum anderen nach der Maßeinheit (Baum-, Schaft-, Derbholz- oder Kluppfestmeter) verschieden. Die Darstellung der Formzahlen allein besagt also nur wenig, nicht viel mehr Einblick in den Verlauf des Massentarifes kann auch die Darstellung der Höhe geben.

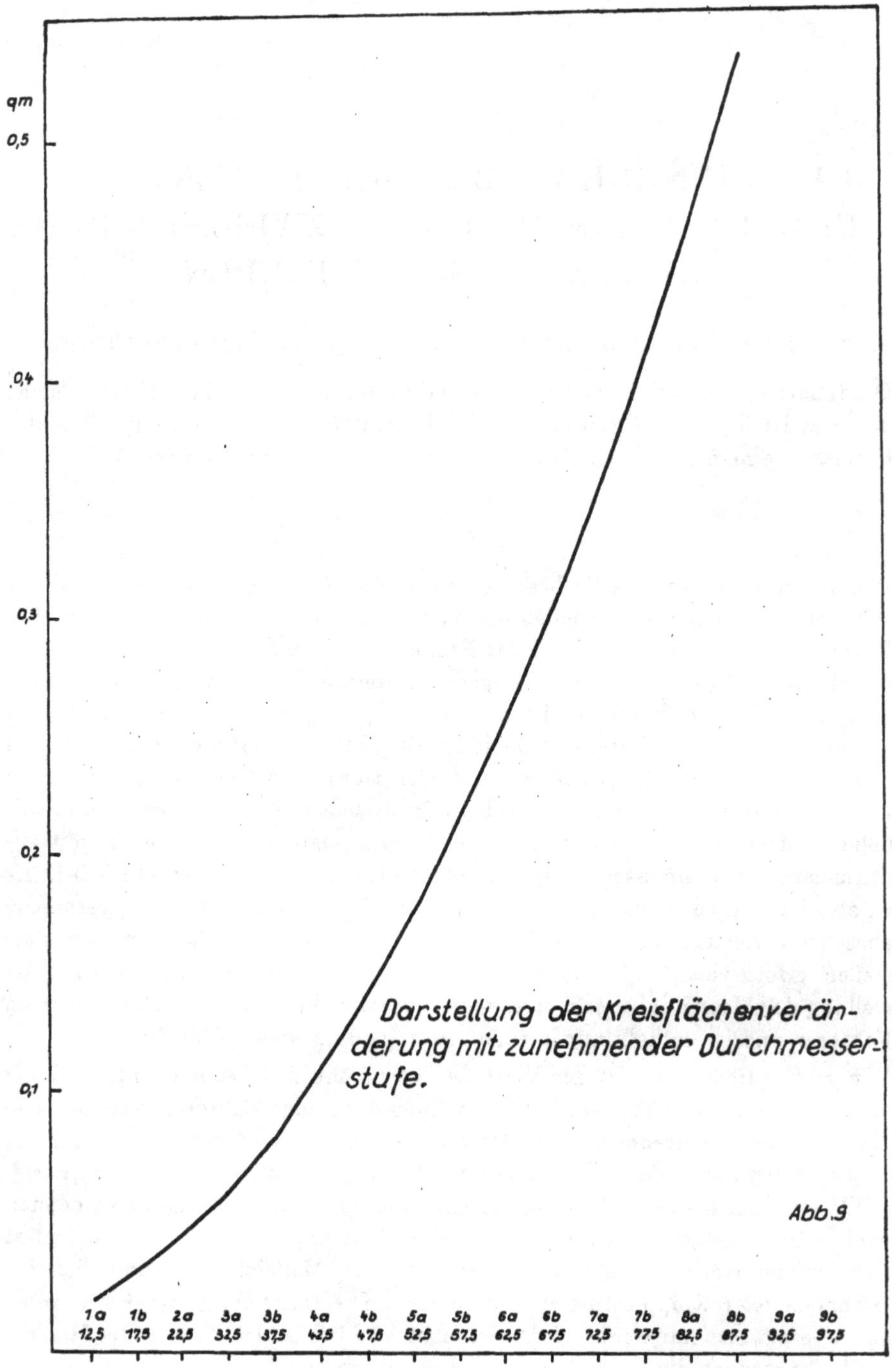
qm
0,5
0,4
0,3
0,2
0,1
Darstellung der Kreisflächenveränderung mit zunehmender Durchmesserstufe.
Abb. 9
1a 12,5
1b 17,5
2a 22,5
3a 32,5
3b 37,5
4a 42,5
4b 47,5
5a 52,5
5b 57,5
6a 62,5
6b 67,5
7a 72,5
7b 77,5
8a 82,5
8b 87,5
9a 92,5
9b 97,5

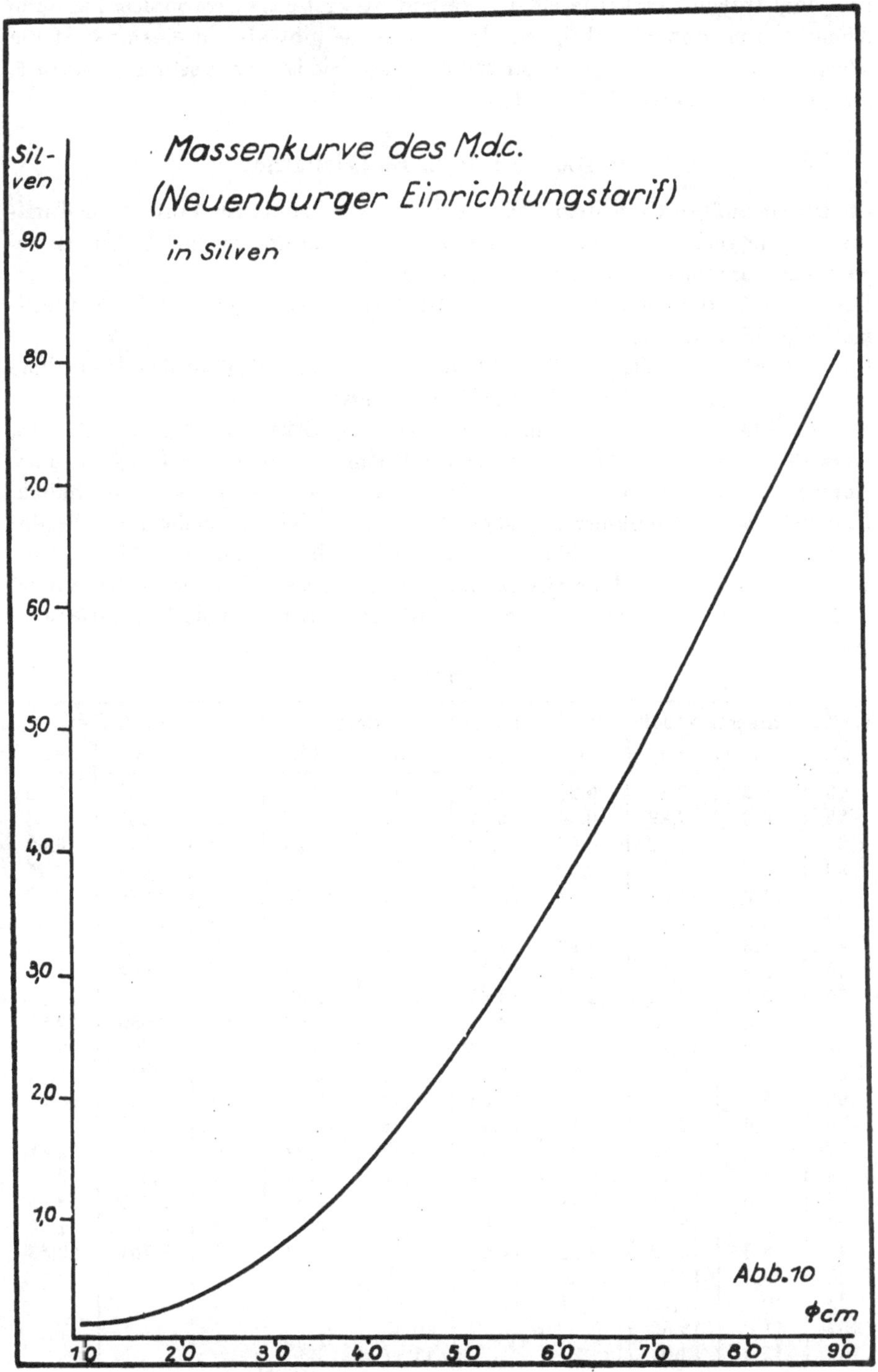
Massenkurve des M.d.c.
(Neuenburger Einrichtungstarif)
in Silven
Silven
9,0
8,0
7,0
6,0
5,0
4,0
3,0
2,0
1,0
Abb. 10
φcm
10
20
30
40
50
60
70
80
90

Für den Aufbau der Tarife ist der Verlauf dieser beiden variablen Faktoren demnach von großer Wichtigkeit. Die Formhöhe gibt also in einem Wert die Wirkung der beiden Variablen auf die Masse an. Sie ist damit sehr gut geeignet, die Eigenarten der Tarife darzustellen.

b) Die einstufigen Einheitstarife

Zu den einstufigen Einheitstarifen gehören — wie bereits erwähnt — die Tarifsysteme, die nicht nach Höhenklassen unterteilt sind und für alle Holzarten bei gleichem Durchmesser gleiche Massen angeben.
Der älteste Tarif dieser Art ist der von GURNAUD, dem Begründer der Kontrollmethode (15, Seite 188).
Dieser Tarif, der in Silven aufgestellt wurde, verwendet also nur eine Höhenlinie und nur eine Formzahlkurve für alle Bestockungsarten. Das gleiche gilt auch für den Liechtensteiner Einrichtungstarif, der erst 1949 eingeführt wurde (15, Seite 101). Die Formhöhenkurven beider Tarife verlaufen — von den kleinen Unregelmäßigkeiten des Liechtensteiner Tarifes abgesehen — sehr ähnlich. Lediglich in den Durchmessern über 80 cm steigt die Formhöhe über die des M. d. c., die von diesen Durchmessern ab wieder fällt (Tab. 4, Abb. 11).
Wenn man bedenkt, daß die Silve zunächst lediglich dem Forstmann das Denken in Stammgrundflächen ersparen sollte, so ist einzusehen, daß die Massenwerte in

TABELLE 4

Tarif Liechtenstein 1949			E. T. H.		Bern		M. d. c.		
Ø	sv	Fh	sv	Fh	Tfm	Fh	Ø	sv	Fh
18	0,2	7,87	0,29	11,42	0,19	7,48	10	0,047	5,95
22	0,3	7,89	0,46	12,11	0,32	8,42	15	0,136	7,68
26	0,5	9,42	0,67	12,62	0,49	9,23	20	0,270	8,60
30	0,7	9,90	0,92	13,01	0,71	10,04	25	0,452	9,21
34	1,0	11,01	1,21	13,33	0,97	10,68	30	0,686	9,70
38	1,3	11,46	1,54	13,58	1,28	11,29	35	1,016	10,56
42	1,6	11,55	1,90	13,72	1,62	11,70	40	1,429	11,37
46	2,0	12,03	2,29	13,78	2,01	12,09	45	1,898	11,94
50	2,4	12,23	2,72	13,86	2,43	12,38	50	2,419	12,34
54	2,8	12,23	3,20	13,97	2,88	12,58	55	2,989	12,58
58	3,3	12,49	3,73	14,12	3,37	12,76	60	3,603	12,74
62	3,8	12,59	4,30	14,24	3,88	12,85	65	4,259	12,84
66	4,4	12,86	4,91	14,35	4,42	12,92	70	4,953	12,87
70	5,0	12,99	5,56	14,45	4,98	12,94	75	5,681	12,86
74	5,6	13,02	6,25	14,53	5,58	12,97	80	6,440	12,81
78	6,3	13,19	6,96	14,57	6,20	12,98	85	7,225	12,73
82	7,0	13,26	7,71	14,60	6,86	12,99	90	8,033	12,63
86	7,8	13,43	8,50	14,63	7,55	13,00	95	8,860	12,50
90	8,6	13,52	9,33	14,67	8,27	13,00	100	9,704	12,36
94	9,5	13,69	10,20	14,70	9,02	13,00			
98	10,4	13,79	11,11	14,73	9,81	13,01			
102	11,3	13,83			10,62				
106	12,3	13,94			11,47				

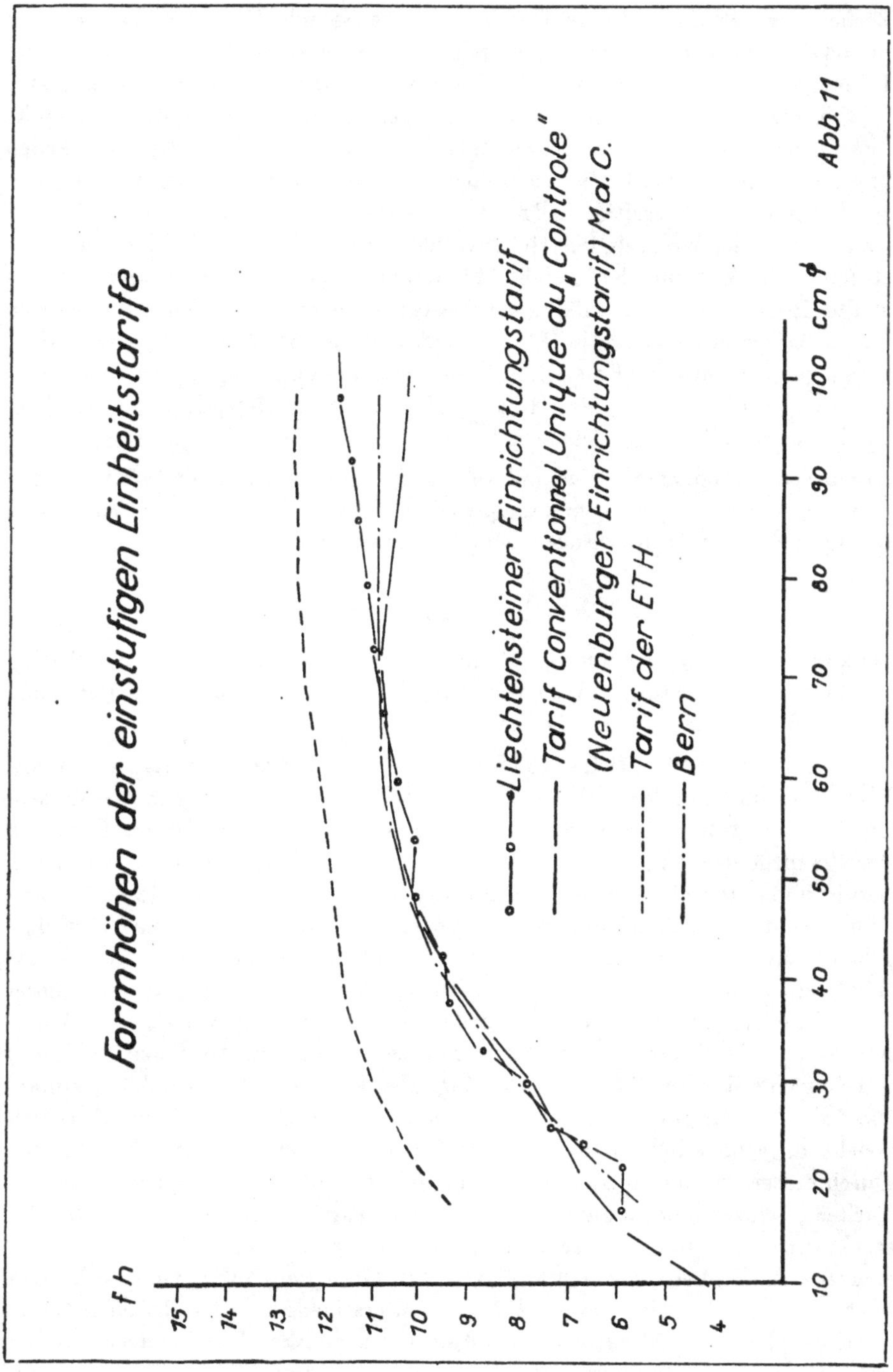
Formhöhen der einstufigen Einheitstarife
Liechtensteiner Einrichtungstarif
Tarif Conventionnel Unique du „Controle"
(Neuenburger Einrichtungstarif) M.d.C.
Tarif der ETH
Bern
f h
15
14
13
12
11
10
9
8
7
6
5
4
10
20
30
40
50
60
70
80
90
100
cm ϕ
Abb. 11

Silven doch noch besser sind als Grundflächenangaben, da bei einem Grundflächenvergleich die mit dem Durchmesser wechselnde Höhe überhaupt nicht berücksichtigt wird. Es wäre aber irrig, annehmen zu wollen, daß durch eine Höhenkurve die Unsicherheiten der Höhenwerte für die Massenberechnung ausgeschlossen werden könnten, denn die Unterschiede in der Bestockung nach Höhe und Formzahl trotz gleichen Durchmessers sind doch in Wirklichkeit vorhanden und sind durch absichtliches Übersehen oder Vereinheitlichen der vorliegenden Verhältnisse nicht beseitigt. Allgemein angewendet und besonders im Plenterwald mit wenig wechselnden Höhenverhältnissen innerhalb der Durchmesserstufen ist der Massenfehler in einer Abteilung meistens einseitig, wenn der unterstellte Höhentarif nicht zufällig der Bestandeshöhenkurve entspricht. Werden für die Durchmesserstufen im Plenterwald aber gleiche Höhen angenommen, so ist ein solcher Tarif zur Feststellung von Vorratsveränderungen brauchbar. Veränderungen, die sich vorwiegend in der Mittelhöhe der Bestockung ausdrücken, werden damit allerdings nicht erfaßt.

Aus diesen Erwägungen heraus sind wohl einige schweizerische Forstverwaltungen zu Lokaltarifen übergegangen und versuchen die Silve dem Festmeter zu nähern, denn große Differenzen zwischen Silve und Festmeter sind nicht erwünscht.

c) Die mehrstufigen Einheitstarife

Im folgenden werden mehrstufige Einheitstarife beschrieben, so z. B. der Waadtländer Einrichtungstarif (15), der eine Stufe für langes, eine für mittleres und eine Stufe für kurzes Holz aufweist.

Nach Angaben KNUCHELs (15, Seite 102) wird aber auch im Kanton Waadt heute fast nur noch der mittlere Tarif angewendet. Die Wirkung in der Massenberechnung ist also ähnlich den einstufigen Tarifen, mit dem Unterschied, daß der Waadtländer Einrichtungstarif auf Lokaluntersuchungen und Lokaltarifen beruht und damit die örtlichen Verhältnisse besser erfaßt. In Abb. 12 und 13 und Tab. 5 sind die mehrteiligen Einheitstarife mit ihren Formhöhenwerten dargestellt. Es sind hier unabhängig von allen anderen Überlegungen jeweils die mittleren Tarife der entsprechenden Tarifsysteme wiedergegeben. Aus dieser Darstellung ergibt sich, daß die Tarife von Waadt, ALGAN und der Waldhöhenstufen-Tarif große Ähnlichkeit besitzen, denn die Tendenzen der drei Tarifsysteme sind annähernd gleichsinnig. Man kann also den Waldhöhenstufen-Tarif als Tarif für ungleichaltrige Wälder ansehen, der Einheitshöhenstufen-Tarif weicht dagegen erheblich von den drei erstgenannten Systemen ab. In den Durchmessern bis 30 cm Stärke liegt er wesentlich über den drei erstgenannten Tarifen, während er dann stark unter den Tarifen für ungleichaltrige Bestockungen zurückbleibt. Der Verlauf dieser Linie läßt sich wohl mit der Konstruktion des Einheitshöhenstufen-Systems erklären (Seite 13). Diese Ansicht wird noch dadurch gefestigt, daß die Massenunterschiede zum Waldhöhenstufen-Tarif lediglich in den verschiedenen Höhen bei gleicher Durchmesserstufe begründet sind, denn die Formzahlen beider Tarife sind die gleichen — die Klupp-

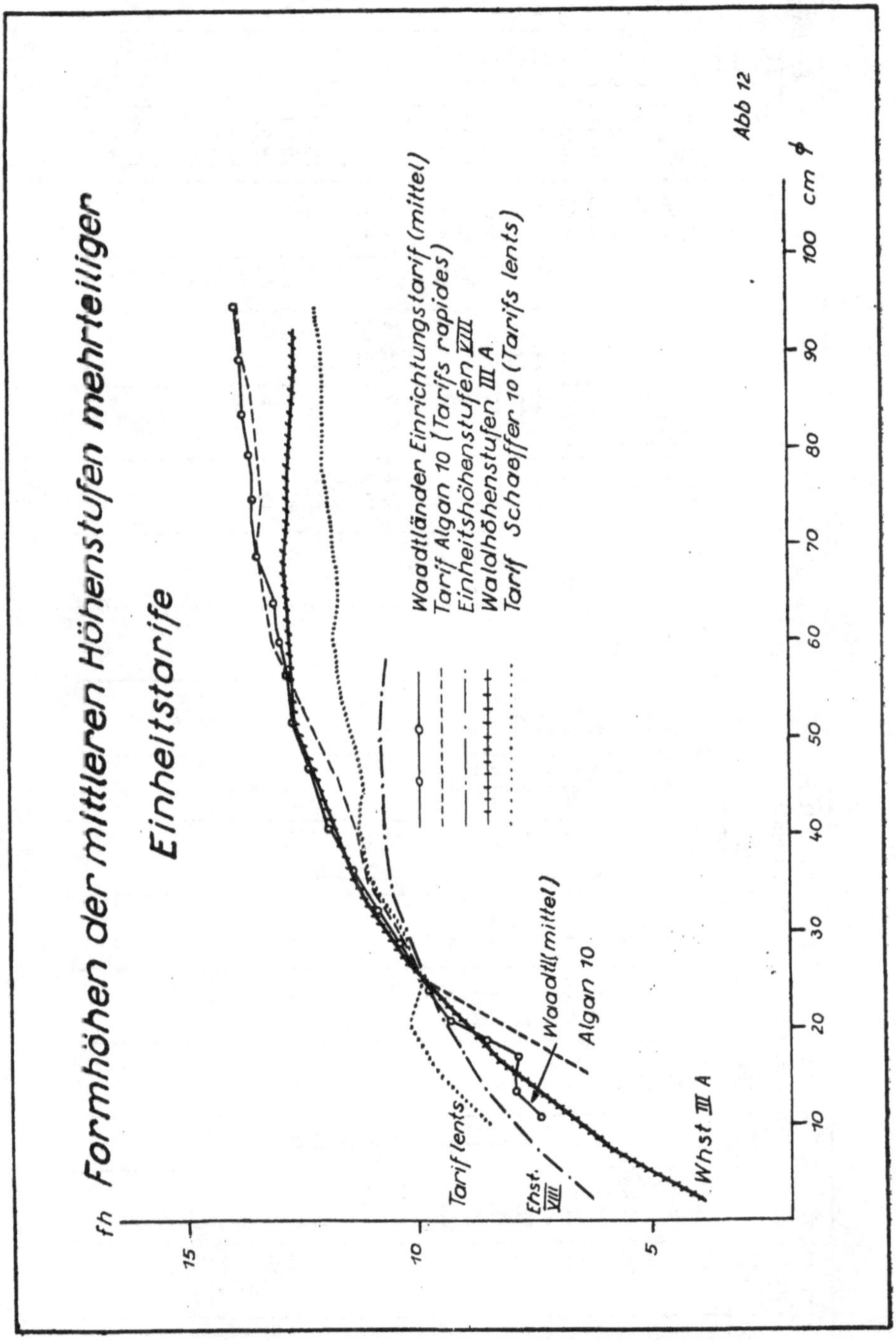
Formhöhen der mittleren Höhenstufen mehrteiliger
Einheitstarife
Waadtländer Einrichtungstarif (mittel)
Tarif Algan 10 (Tarifs rapides)
Einheitshöhenstufen VIII
Waldhöhenstufen III A
Tarif Schaeffer 10 (Tarifs lents)
Waadtl.(mittel)
Algan 10
Tarif lents
Ehst. VIII
Whst III A
fh
15
10
5
10
20
30
40
50
60
70
80
90
100
cm ϕ
Abb 12

TABELLE 5

Waadt Mitteltarif			ALGAN 10 (Tarifs rapides)			SCHAEFFER 10 (Tarifs lents)			Einheitshöhenstufe VIII			Waldhöhenstufe III A			Tarif Freiburg I		Tarif Freiburg II		
Ø	fm	Fh	Ø	fm	Fh	fm	Fh	Ø	H	F	Fh	H	F	Fh	Ø	fm	Fh	fm	Fh
16	0,15	7,46	20	0,2	6,37	0,3	9,55	7,5	13,0	0,486	6,32	8,6	0,486	4,18	16	0,15	7,46	0,10	4,98
18	0,20	7,87	25	0,4	8,15	0,5	10,18	12,5	16,0	0,466	7,46	12,7	0,466	5,92	18	0,20	7,87	0,15	5,91
20	0,25	7,96	30	0,7	9,90	0,7	9,90	17,5	18,5	0,453	8,38	16,2	0,453	7,34	20	0,25	7,96	0,20	6,37
22	0,30	7,89	35	1,0	10,40	1,0	10,40	22,5	20,5	0,443	9,08	19,2	0,443	8,51	22	0,30	7,89	0,25	6,58
26	0,50	9,42	40	1,4	11,14	1,4	11,14	27,5	22,4	0,435	9,74	21,9	0,435	9,53	24	0,40	8,85	0,30	6,64
30	0,70	9,90	45	1,8	11,32	1,8	11,32	32,5	23,6	0,429	10,12	24,2	0,429	10,38	26	0,55	10,36	0,35	6,59
34	0,95	10,46	50	2,3	11,72	2,2	11,21	37,5	24,8	0,432	10,49	26,2	0,423	11,08	28	0,70	11,36	0,40	6,49
38	1,25	11,02	55	2,9	12,21	2,7	11,36	42,5	25,5	0,418	10,66	27,8	0,418	11,62	30	0,85	12,02	0,50	7,07
42	1,60	11,55	60	3,6	12,73	3,3	11,67	47,5	26,0	0,414	10,76	29,3	0,414	12,13	32	1,00	12,44	0,60	7,46
50	2,40	12,23	65	4,3	12,96	3,9	11,75	52,5	26,3	0,410	10,78	30,3	0,410	12,42	34	1,15	12,67	0,70	7,71
54	2,85	12,45	70	5,1	13,25	4,5	11,69	57,5	26,5	0,407	10,79	31,1	0,407	12,66	36	1,30	12,77	0,85	8,35
58	3,35	12,68	75	5,9	13,35	5,2	11,77	62,5	26,5	0,403	10,68	31,7	0,403	12,78	38	1,45	12,79	1,00	8,82
62	3,85	12,75	80	6,7	13,33	6,0	11,94	67,5				32,1	0,400	12,84	40	1,60	12,72	1,15	9,15
66	4,45	13,00	85	7,6	13,39	6,8	11,98	72,5				32,3	0,398	12,86	46	2,10	12,63	1,60	9,63
70	5,05	13,12	90	8,6	13,52	7,6	11,95	77,5				32,4	0,395	12,80	50	2,50	12,74	1,90	9,68
74	5,75	13,37	95	9,7	13,69	8,5	11,99	82,5				32,5	0,393	12,77	56		12,59		9,74
78	6,45	13,50	100	10,8	13,75	9,5	12,10	87,5				32,5	0,390	12,68	60		12,73		9,90
82	7,15	13,54										32,5	0,388	12,61	66		12,72		9,94
86	7,90	13,60										32,5	0,386	12,55	70		12,74		9,88
90	8,70	13,67													76		12,79		9,92
100	10,80	13,75													80		12,73		9,95
															86		12,74		9,90
															92		12,73		9,82
															96		12,71		9,67
															100		12,73		9,68

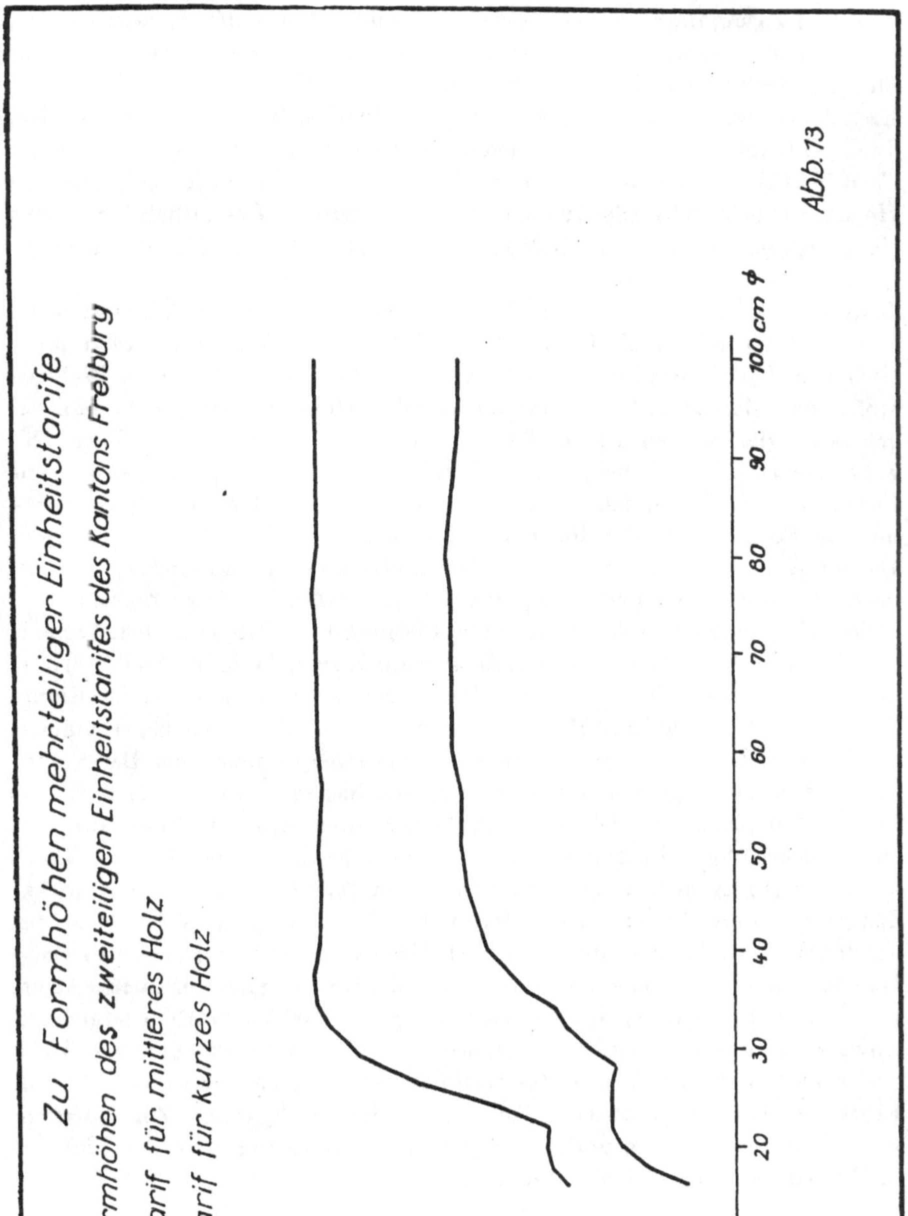
Zu Formhöhen mehrteiliger Einheitstarife
Formhöhen des zweiteiligen Einheitstarifes des Kantons Freiburg
I Tarif für mittleres Holz
II Tarif für kurzes Holz
fh
14
13
12
11
10
9
8
7
6
5
20
30
40
50
60
70
80
90
100 cm ϕ
Abb. 13

festmeter-Formzahlen —. Während im Waldhöhenstufen-Tarif die Wachstumsabläufe der Hauptholzarten zur Konstruktion des Höhentarifes benutzt wurden, sind für den Einheitshöhenstufen-Tarif vorwiegend die Höhenkurven der gleichaltrigen Fichtenbestände unterstellt worden.
Erstaunlich ist die Übereinstimmung des Mitteltarifs von Waadt mit dem Tarif ALGAN, denn der Waadtländer Tarif beruht auf Silven, während der Tarif ALGAN Festmetermaß zugrunde legt. Unterschiedlich sind auch die Höhen, die im Waadtländer Höhenrahmen in Metern der Gesamthöhe angegeben sind, wogegen der Tarif ALGAN aber nach Metern bis zur Nutzholzhöhe gegliedert ist.
In die Gruppe der mehrstufigen Einheitstarife gehört auch der erwähnte Einheitshöhenstufen-Tarif von KRUTZSCH-LOETSCH (17). Während die Silve praktisch nur eine Kreisflächenkontrolle erlaubt, sollen mit Hilfe der 14 Einheitsstufen und Berücksichtigung der wechselnden Höhenverhältnisse bessere Ergebnisse erzielt werden. Der Gedanke, für die Massentarife nur eine Formzahlreihe zu verwenden, die bei gleichem Durchmesser für alle Höhenstufen nur eine Formzahl angibt, entspricht ganz dem Gedanken der M. d. c., denn auch sie hat nur eine Formzahl für alle Höhen einer Durchmesserstufe.
Da der M. d. c. als erster Tarif der Kontrollmethode in Anwendung war, ist nach dem Verlauf der Formhöhen anzunehmen, daß die anderen Einrichtungstarife, wie etwa die von Waadt 1906 und Liechtenstein 1949, nach dem Vorbilde der M. d. c. aufgestellt wurden. Damit würde sich auch die Ähnlichkeit erklären, die zwischen diesen Tarifen besteht. Das bedeutet weiter, daß sich der Kluppfestmeter der Waldhöhenstufen und die Silve der M. d. c. doch näherkommen, als das zunächst angenommen wurde. Die Massenergebnisse einer Berechnung nach beiden Maßeinheiten sind aber doch verschieden zu werten, da durch die bessere Anpassung an die wirklichen Höhenverhältnisse der Bestockung bei einem mehrstufigen Tarifsystem eine größere Genauigkeit erreicht wird. Dabei ist es von großer Bedeutung, wie die mittleren Tarifstufen der Bestockung aus den Einzelstamm-Messungen ermittelt und festgelegt werden. Während bei den Tarifen M. d. c., Liechtenstein und auch Waadt nur eine Höhenlinie in Frage kommt, können ja nach der Methode der Tarifbestimmung bei den Tarifen Algan, Einheitshöhenstufen und Waldhöhenstufen ganz verschiedene Höhenstufen zur Anwendung kommen. Der hier geführte Vergleich mit den mittleren Tarifstufen klärt wohl den Aufbau der Tarife an sich, sagt aber nicht viel über die Ergebnisse bei der praktischen Anwendung der Tarifsysteme. Zur Übersicht wurden noch einmal die Formhöhen der mittleren Höhenstufen der Einheitstarif-Systeme in Abb. 14 wiedergegeben.

d) Die mehrstufigen Holzarten- und Holzartengruppen-Tarife

Von den Schweizer Tarifen gehört der Walliser Einrichtungstarif zu den Holzartentarifen (Tabelle 6, Abb. 15).
KRENN (16) und PRODAN (33) stellten Holzartentarife für den gleichaltrigen Hochwald und den Plenterwald auf. Da diese Tarife nach der Maßeinheit Derb-

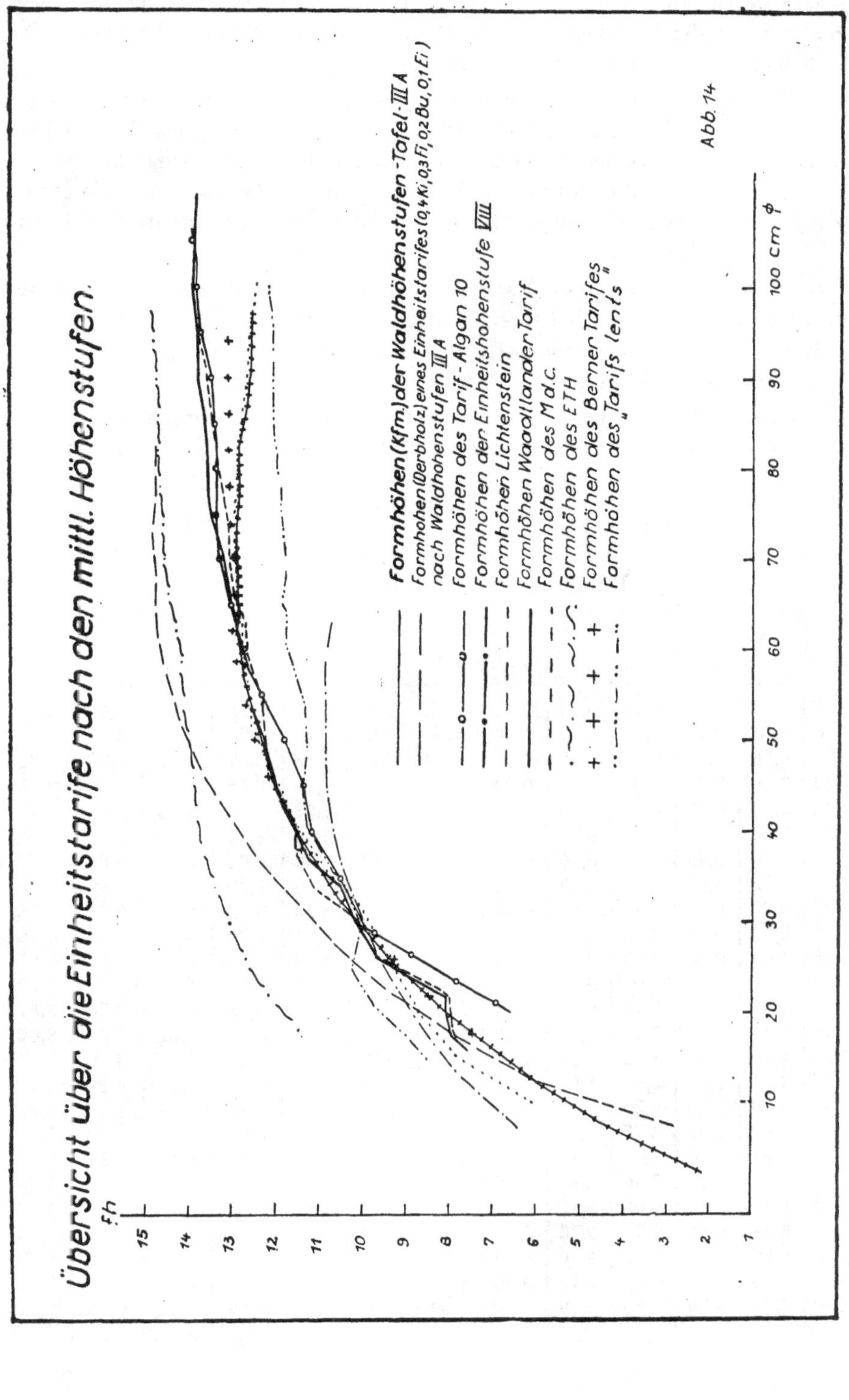
Übersicht über die Einheitstarife nach den mittl. Höhenstufen.
fh
15
14
13
12
11
10
9
8
7
6
5
4
3
2
1
10
20
30
40
50
60
70
80
90
100 cm ⌀
Formhöhen (Kfm.) der Waldhöhenstufen-Tafel · III A
Formhöhen (Derbholz) eines Einheitstarifes (0,4 Ki, 0,3 Fi, 0,2 Bu, 0,1 Ei) nach Waldhöhenstufen III A
Formhöhen des Tarif - Algan 10
Formhöhen der Einheitshöhenstufe VIII
Formhöhen Lichtenstein
Formhöhen Waadtländer Tarif
Formhöhen des M.d.C.
Formhöhen des ETH
Formhöhen des Berner Tarifes
Formhöhen des „Tarifs lents"
Abb. 14

holz-Vorratsfestmeter mit Rinde aufgestellt wurden, ist eine weitgehende Übereinstimmung der Formhöhen zu erwarten, soweit nicht große Differenzen in den Höhen über gleichem Durchmesser bestehen.

Die Formhöhen werden also bei diesen Tarifverfahren vorwiegend durch die Steigung der Höhenkurven bestimmt. Nach den KRENNschen Tarifen liegt die Formhöhenkurve der Fichte bis 30 cm Durchmesser nur wenig über der der Buche und bleibt dann zurück. Die Formhöhen der Eiche sind allgemein größer als die der Kiefer, sie bleiben aber beide unter denen der Fichte und Buche (Tab. 7, Abb. 16).

Der provisorische Plenterwaldtarif von PRODAN für Fichte und Tanne bleibt ebenfalls mit seiner Formhöhenreihe unter den Formhöhen der Eiche und Kiefer. Alle Kurven, die KRENNschen wie auch die von PRODAN, sind gut ausgeglichen und verlaufen harmonisch (Tab. 7, Abb. 16).

Die Formhöhen des Waldhöhentarifes 8 werden hier vergleichsweise aufgeführt. Der Waldhöhentarif wird in Kapitel 4 beschrieben. Für die Massentarife

TABELLE 6

Formhöhen von Holzartentarifen
Walliser Tarife für Fichte, Lärche, Kiefer

Ø	Fichte		Lärche		Kiefer		Fichte		Lärche		Kiefer	
	m³	m³	m³	m³	m³	m³	Fh	Fh	Fh	Fh	Fh	Fh
16	0,10	0,05	0,10	0,10	0,05	0,05	4,98	2,45	4,98	4,98	2,49	2,49
18	0,15	0,10	0,15	0,15	0,10	0,08	5,91	3,94	5,91	5,91	3,94	3,15
20	0,20	0,15	0,20	0,20	0,15	0,12	6,37	4,78	6,37	6,37	4,78	3,82
22	0,30	0,20	0,25	0,25	0,20	0,15	7,09	5,26	6,58	6,58	5,26	3,95
24	0,40	0,25	0,35	0,30	0,25	0,20	8,85	5,53	7,74	6,63	5,53	4,42
26	0,50	0,30	0,45	0,35	0,30	0,25	9,42	5,65	8,47	6,59	5,65	4,71
28	0,60	0,35	0,55	0,40	0,35	0,30	9,74	5,68	8,93	6,49	5,68	4,87
30	0,70	0,40	0,65	0,45	0,45	0,35	9,90	5,66	9,19	6,36	6,36	4,95
32	0,80	0,50	0,75	0,50	0,55	0,40	9,95	6,22	9,32	6,22	6,84	4,98
34	0,90	0,60	0,85	0,55	0,65	0,45	9,91	6,61	9,36	6,06	7,16	4,96
36	1,05	0,70	0,95	0,60	0,75	0,50	10,31	6,88	9,33	5,89	7,37	4,91
39	1,20	0,80	1,05	0,70	0,85	0,60	10,58	7,05	9,26	6,17	7,50	5,29
40	1,35	0,90	1,15	0,80	0,95	0,70	10,74	7,16	9,15	6,36	7,56	5,57
46	1,80	1,20	1,45	1,10	1,30	1,00	10,83	7,22	8,72	6,62	7,82	6,02
50	2,10	1,45	1,65	1,25	1,60	1,20	10,70	7,39	8,41	6,37	8,15	6,11
56	2,60	1,90	2,00	1,55	2,05	1,65	10,56	7,71	8,12	6,29	8,32	6,70
60	3,00	2,20	2,30	1,75	2,40	1,95	10,61	7,78	8,14	6,19	8,49	6,90
66	3,60	2,70	2,75	2,05	3,00	2,40	10,52	7,89	8,04	5,99	8,77	7,02
70	4,00	3,10	3,05	2,35	3,40	2,70	10,40	8,06	7,93	6,11	8,84	7,02
76	4,70	3,70	3,60	2,80	4,05	3,30	10,36	8,16	7,94	6,17	8,93	7,28
80	5,30	4,10	4,00	3,10	4,55	3,70	10,54	8,16	7,96	6,16	9,05	7,36
86	6,20	4,85	4,75	3,70	5,40	4,30	10,67	8,35	8,18	6,37	9,30	7,40
90	6,80	5,35	5,25	4,10	6,00	4,70	10,69	8,41	8,25	6,44	9,43	7,39
96	7,80	6,10	6,00	4,70	6,90	5,30	10,78	8,43	9,29	6,49	9,53	7,32
100	8,50	6,70	6,50	5,10	7,40	5,90	10,82	8,53	8,28	6,49	9,42	7,51

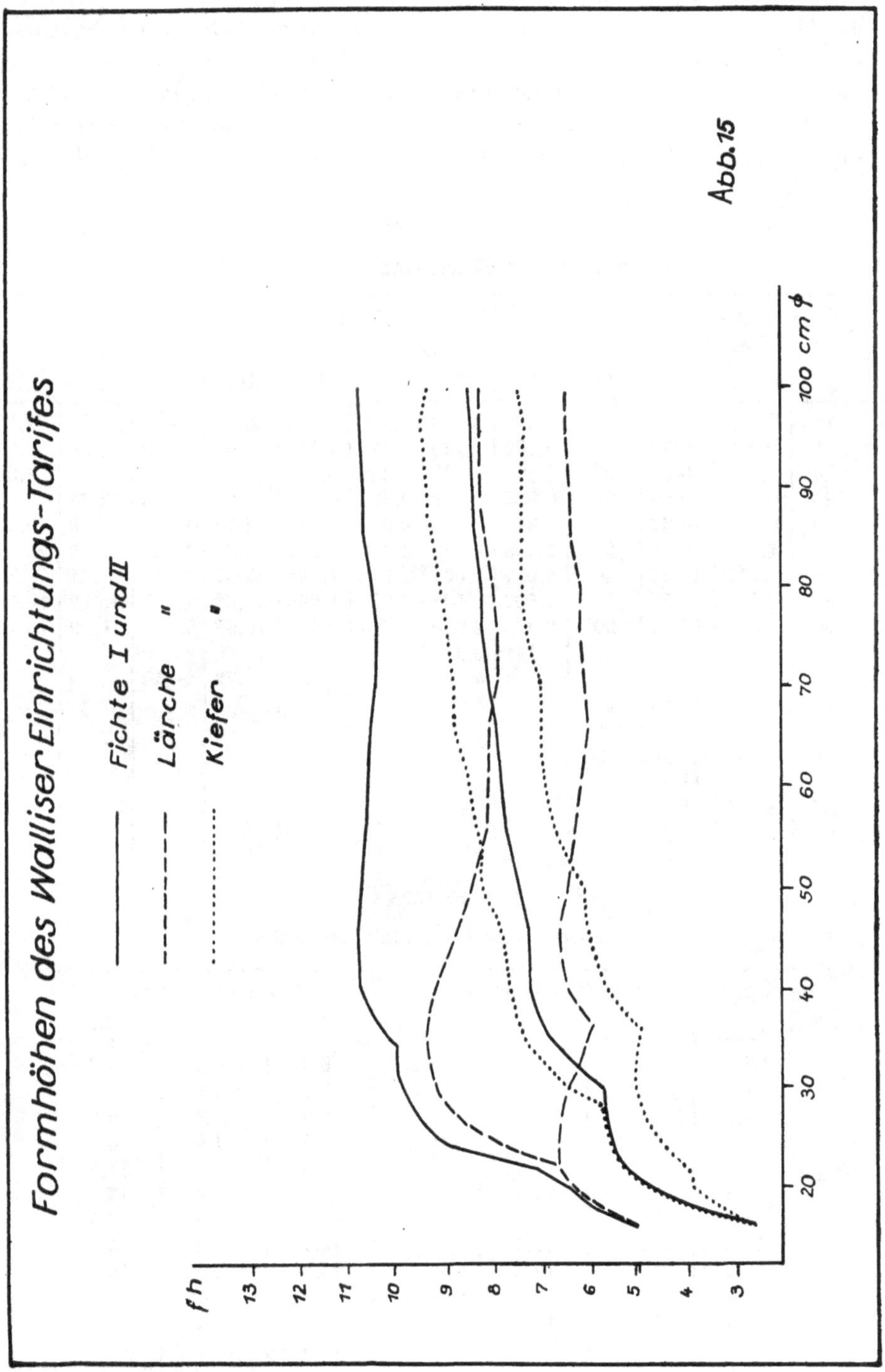
Formhöhen des Walliser Einrichtungs-Tarifes
Fichte I und II
Lärche "
Kiefer "
f h
13
12
11
10
9
8
7
6
5
4
3
20
30
40
50
60
70
80
90
100
100 cm ϕ

Abb. 15

Laub- und Nadelholz wurden in Tab. 8, Abb. 17, die entsprechenden Formhöhen der Hauptholzarten Kiefer, Fichte, Buche, Eiche verglichen. Der Nadelholzmassen-Tarif setzt sich aus 0,4 Kiefer; 0,3 Fichte; 0,2 Douglasie (nach Durchschnittswerten der Ertragstafel) und 0,1 Tanne zusammen, der Laubholztarif aus 0,7 Buche und 0,3 Eiche. Ein Vergleich der Höhenstufen des Waldhöhentarifes mit den Tarifen von PRODAN, KRENN, KRUTZSCH-LOETSCH,

TABELLE 7

Formhöhen von Holzartentarifen (Fortsetzung)

Tanne und Fichte PRODAN III			KRENN (Mitteltarif)								
				Massen				Formhöhen			
Ø	Masse	Fh	Ø	Bu	Ei	Fi	Ki	Bu	Ei	Fi	Ki
10	0,023	2,91	10	0,031	0,039	0,036	0,033	3,92	4,93	4,55	4,17
16	0,139	6,92	15	0,136	0,128	0,147	0,114	7,68	7,23	8,30	6,44
20	0,268	8,54	20	0,315	0,285	0,330	0,261	10,03	9,07	10,50	8,31
26	0,536	10,09	25	0,587	0,509	0,601	0,480	11,95	10,36	12,24	9,77
30	0,765	10,82	30	0,949	0,806	0,947	0,777	13,42	11,40	13,39	10,99
36	1,184	11,63	35	1,405	1,177	1,385	1,154	14,60	12,23	14,40	12,00
40	1,515	12,05	40	1,957	1,624	1,912	1,599	15,57	12,91	15,21	12,72
46	2,086	12,55	45	2,602	2,135	2,528	2,088	16,36	13,42	15,89	13,13
50	2,517	12,82	50	3,328	2,728	3,219	2,632	16,95	13,89	16,39	13,40
56	3,240	13,15	55	4,131	3,387			17,38	14,25		
60	3,772	13,34	60	5,011	4,122			17,72	14,58		
66	4,646	13,58	65		4,929						
70	5,280	13,72	70		5,789						
76	6,305	13,90	75								
80	7,040	14,00									
86	8,217	14,15									
90	9,056	14,23									

TABELLE 8

Formhöhen des Waldhöhentarifes

Ø	a) Nadelholz Wht			b) Laubholz Wht		
	8	Ki	Fi	8	Ei	Bu
12,5	6,3	5,9	6,8	6,0	6,0	6,0
17,5	7,9	7,6	8,5	7,8	8,1	7,7
22,5	9,2	8,8	9,6	9,3	9,6	9,2
27,5	10,1	9,9	10,6	10,5	11,0	10,5
32,5	10,9	10,6	11,1	11,6	11,9	11,4
37,5	11,4	11,3	11,5	12,6	12,8	12,4
42,5	11,9	12,1	11,8	13,4	13,7	13,4
47,5	12,2	12,5	11,9	14,1	14,3	14,0
52,5	12,4	12,8	11,8	14,6	14,7	14,4
57,5	12,5	13,2	11,8	15,0	15,2	15,0
62,5	12,5	13,5	11,5	15,2	15,4	15,1
67,5				15,3	15,5	15,2

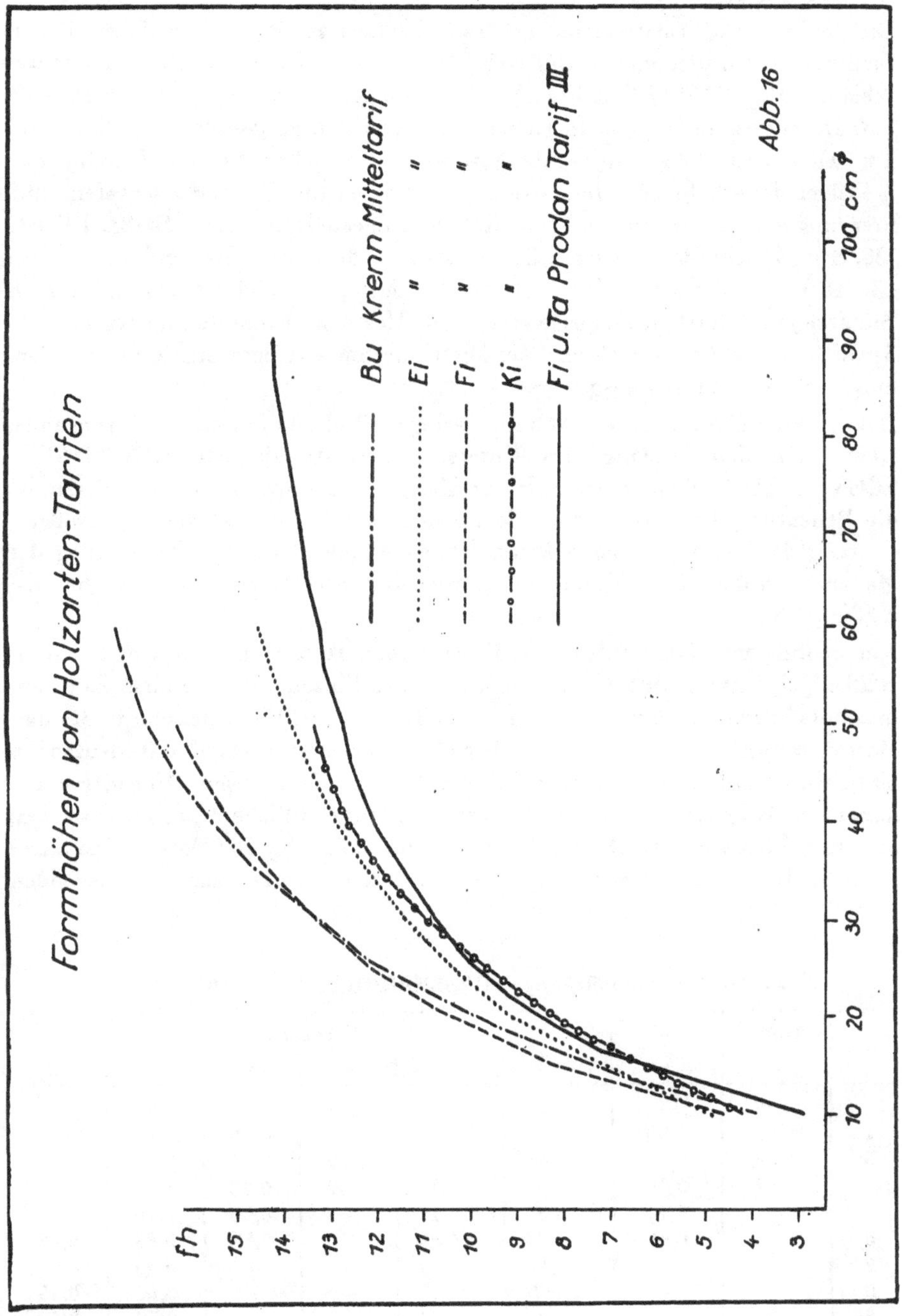
Formhöhen von Holzarten-Tarifen
Bu Krenn Mitteltarif
Ei " "
Fi " "
Ki " "
Fi u. Ta Prodan Tarif III
Abb. 16
fh
15
14
13
12
11
10
9
8
7
6
5
4
3
10
20
30
40
50
60
70
80
90
100 cm ⌀

KRUTZSCH sowie den noch zu besprechenden sowjetischen Tarifen wird in den Abbildungen 3, 4, 6, 7 gegeben.

Die sowjetischen Tarifsysteme gehören ebenfalls zu den mehrstufigen Höhentarifen. Sie wurden von TRETJAKOW (42) und ROSENBERG (36) vorgeschlagen. ROSENBERG stellte „Massentafeln zum Taxieren der Jungbestände“ auf. Die Massentafeln sind in Höhenstufen von 2 m aufgestellt, sie können auf 1 m Höhenunterschied interpoliert werden und geben für die Durchmesser 1—10 cm innerhalb der Höhenstufen die Massen an. Diese Massentafeln sind ursprünglich als Holzarten-Massentafeln aufgestellt worden. ROSENBERG (36, Seite 1) schreibt darüber: „Zur Aufstellung der Tafeln für die Eiche wurden 13—15 Probestämme, für die Birke 9—11 und für die anderen Holzarten 7—8 Stämme jeder Stärkestufe ausgewertet. Die Masse der Probestämme wurde nach der allgemein bekannten Formel der Mitteldurchmesser berechnet und nach dem graphischen Verfahren ausgewertet.“

Den Massentafeln liegt ein relativ geringes Probestamm-Material zugrunde, wenn man den Umfang des Untersuchungsmaterials der GRUNDNER-SCHWAPPACHschen Massentafel vergleichend heranzieht. Zum anderen ist die Bedeutung dieser schwachen Sortimente sehr gering, daß sich ein größerer Umfang der Untersuchungen kaum lohnen würde. Auch die Berechnung der Massen nach dem Mittendurchmesser, also nicht nach Sektionen, ist verhältnismäßig grob.

Am Schluß der Massentafeln für die einzelnen Holzarten wird von ROSENBERG (36, Seite 2) eine Zusammenfassung der Einzelmassen zu einer Einheitsmassentafel vorgeschlagen: „Wie aus den Tafeln ersichtlich, weisen die Stamm-Massen verschiedener Holzarten gleicher Dimensionen einen unbedeutenden Unterschied auf. Daher ist es bei massenweisen orientierungsmäßigen Berechnungen zulässig, mit den Durchschnittsmassen für sämtliche Arten auszuwerten, die am Schlusse der Tafel aufgeführt werden.“ (Tab. 9.) Die Massen sind angegeben in Tausendstel Festmeter. Die diesen Massenangaben zugrunde liegenden

TABELLE 9

Mischtarif für Junghölzer nach ROSENBERG in Tausendstel-Festmeter

Ø	Höhe (m)				Formzahl			
	2	4	6	8	2	4	6	8
1	0,28	—	–	—	1,77	—	—	—
2	0,81	0,99	—	—	1,29	0,79	—	—
3	1,69	2,22	2,45	—	1,20	0,79	0,58	—
4	2,57	3,69	4,78	6,13	1,02	0,73	0,63	0,61
5	-	5,14	8,22	10,10	—	0,66	0,70	0,64
6	—	6,61	11,70	14,08	—	0,58	0,69	0,62
7	—	—	15,17	18,13	—	—	0,69	0,59
8	—	—	18,65	22,17	—	—	0,62	0,55
9	—	—	22,13	26,22	—	—	0,58	0,52
10	—	—	20,37	30,28	—	—	0,43	0,48

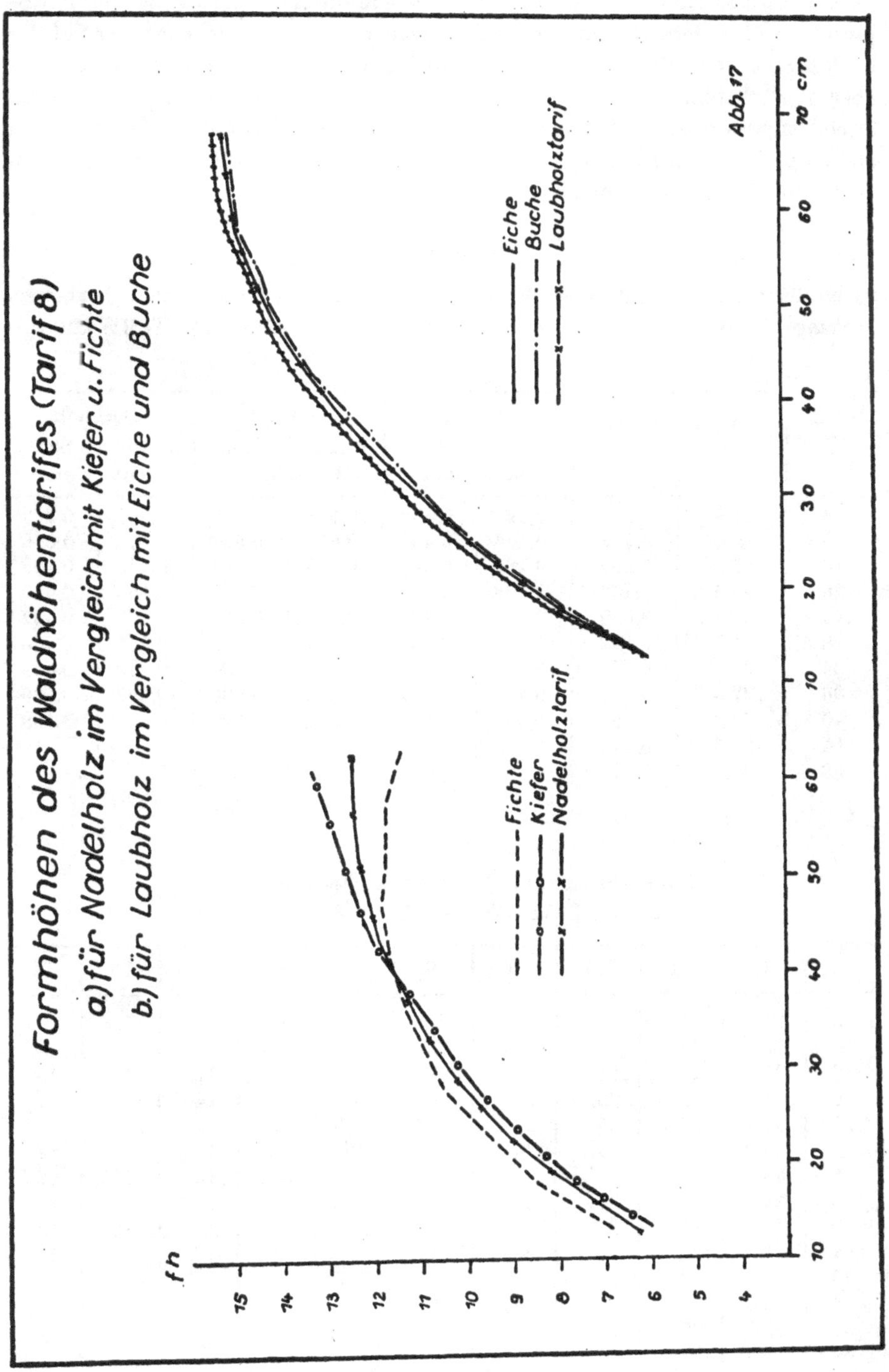
Formhöhen des Waldhöhentarifes (Tarif 8)
a.) für Nadelholz im Vergleich mit Kiefer u. Fichte
b.) für Laubholz im Vergleich mit Eiche und Buche
Fichte
Kiefer
Nadelholztarif
Eiche
Buche
Laubholztarif
fh
cm
Abb. 17

Formzahlwerte sind Baumformzahlen. Die graphische Darstellung der Formzahlwerte über dem Durchmesser zeigt einen wenig ausgeglichenen Verlauf der Formzahlkurven. Es ist anzunehmen und nach der Stamminhaltsberechnung über dem Mitteldurchmesser auch nicht anders zu erwarten, daß die Massentafeln empirisch durch Mitteln der Stamm-Massen selbst entstanden sind und nicht durch die Ermittlung der drei massenbildenden Faktoren Höhe, Kreisfläche und Formzahl (Abb. 18).

TABELLE 10

Formzahlen der Höhenklasse V der Massentafel für Kiefer der Gebiete Leningrad, Archangelsk, Wologda verglichen mit Formzahlen der Kiefer von SCHWAPPACH
(Alter 41—80 Jahre, Formzahltafel 1890)

Ø	TRETJAKOW		Schaft		Baum		Derbholz	
	H	F	Norddeutschland	Süddeutschland	Norddeutschland	Süddeutschland	Norddeutschland	Süddeutschland
8	11,5	0,536	0,522	0,480	0,621	0,570	0,397	0,279
12	15,0	0,513	0,498	0,458	0,562	0,521	0,446	0,396
16	17,0	0,492	0,485	0,449	0,535	0,507	0,462	0,426
20	19,0	0,469	0,478	0,447	0,514	0,490	0,455	0,426
24	20,5	0,459	0,466	0,439	0,512	0,488	0,453	0,432
28	21,5	0,452	0,460	0,437	0,512	0,488	0,451	0,436
32	22,0	0,451	0,448	0,436	0,514	0,490	0,452	0,437
36	22,5	0,450	0,432	0,434	0,517	0,502	0,448	0,438
40	23,0	0,450	0,431	0,432	0,514	0,499	0,447	0,438
44	23,5	0,445						
48	23,5	0,442						

TABELLE 11

Mittelwerte der Höhenklasse für Kiefer, Zirbel, Lärche
(aus TRETJAKOW „Handbuch des Taxators")

Ø	I	II	III	IV	V	VI	VII	VIII	IX	X
8	18	16	14,5	13	11,5	10,5	0,5	8,5	7,5	7,0
12	22	20	18,5	16,5	15	13,5	12	10,5	9,5	8,5
16	25,5	23	21	19	17	15,5	14	12,5	11	10
20	28,5	25,5	23,5	21	19	17	15,5	14	12,5	11
24	30,5	27,5	25	22,5	20,5	18,5	16,5	15	13,5	11,5
28	32,0	29	26,5	24	21,5	19,5	17,5	15,5	14	12
32	33	30	27	24,5	22	20	18	16	14,5	12,5
36	34	31	28	25	22,5	20,5	18,5	16,5	15	13
40	35	31,5	28,5	25,5	23	21	18,5	17	15	13
44	35,5	32	29	26	23,5	21	19	17	15,5	13,5
48	36	32,5	29	26,5	23,5	21,5				
52	36,5	33	29,5	26,5	24					
56	36,5	33	29,5							
60	36,5	33								

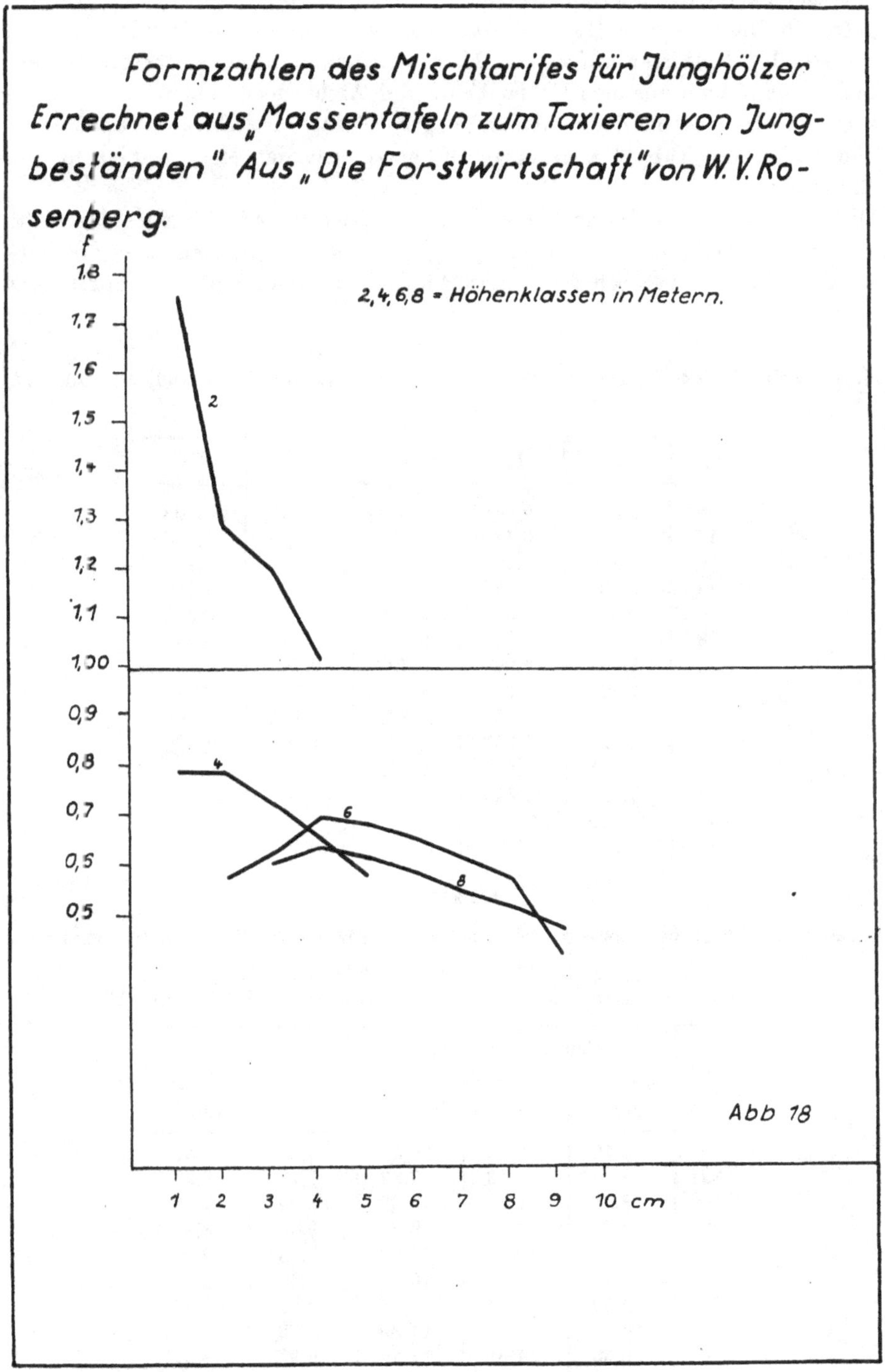
Formzahlen des Mischtarifes für Junghölzer
Errechnet aus „Massentafeln zum Taxieren von Jungbeständen" Aus „Die Forstwirtschaft" von W. V. Rosenberg.
f
1,8
1,7
1,6
1,5
1,4
1,3
1,2
1,1
1,00
0,9
0,8
0,7
0,6
0,5
2,4,6,8 = Höhenklassen in Metern.
2
4
6
8
1 2 3 4 5 6 7 8 9 10 cm
Abb 18

Die Höhenklassensysteme nach TRETJAKOW (42) sind nach Holzartengruppen getrennt. Die zu diesen Höhenklassen gehörigen Massentarife wurden dagegen für einzelne Holzarten aufgestellt. Hier wird der Massentarif für die Höhenklassen der Kiefer aus dem Gebiet Leningrad, Archangelsk und Wologda untersucht. Die Höhenwerte der Höhenklassen gelten ferner für Zirbelkiefer und Lärche und sind in der Tab. 11 angegeben. Die entsprechenden Massenzahlen für die Kiefer ergeben sich aus Tab. 12.
Die Darstellung des Formzahlenverlaufs des Kieferntarifes erfolgte durch die Formzahlen der mittleren Höhenklasse V. Da keine Angaben über die Verwendung von Baum-, Schaft- oder Derbholz-Formzahlen vorliegen, mußte erst

TABELLE 12

Massentarif für die Höhenklassen der Kiefer der Gebiete Leningrad, Archangelsk, Wologda

Ø	I	III	V	VII	IX
8	0,049	0,039	0,031	0,027	0,023
12	0,130	0,110	0,087	0,074	0,048
16	0,256	0,208	0,168	0,147	0,100
20	0,428	0,342	0,280	0,247	0,190
24	0,632	0,511	0,425	0,370	0,309
28	0,879	0,714	0,599	0,528	0,440
32	1,164	0,967	0,797	0,705	0,595
36	1,505	1,237	1,030	0,910	0,770
40	1,886	1,550	1,300	1,120	0,960
44	2,297	1,892	1,590	1,390	1,170
48	2,751	2,245	1,880		
52	3,242	2,645			
56	3,749				
60	4,293				

TABELLE 13

Formhöhen der Höhenklasse V der Massentafel für Kiefer der Gebiete Leningrad, Archangelsk, Wologda

(errechnet aus „Handbuch des Taxators“ von N. W. TRETJAKOW)

Ø	Baum-Formhöhen			Schaft-Formhöhen	
	Leningrad	Norddeutschland	Süddeutschland	Norddeutschland	Süddeutschland
8	6,16	7,14	6,56	6,00	5,52
12	7,70	8,43	7,82	7,47	6,87
16	8,36	9,10	8,62	8,25	7,63
20	8,91	9,77	9,31	9,08	8,49
24	9,41	10,50	10,00	9,55	9,00
28	9,72	11,01	10,49	9,89	9,40
32	9,92	11,31	10,78	9,86	9,59
36	10,13	11,63	11,30	9,72	9,77
40	10,35	11,82	11,48	9,91	9,94

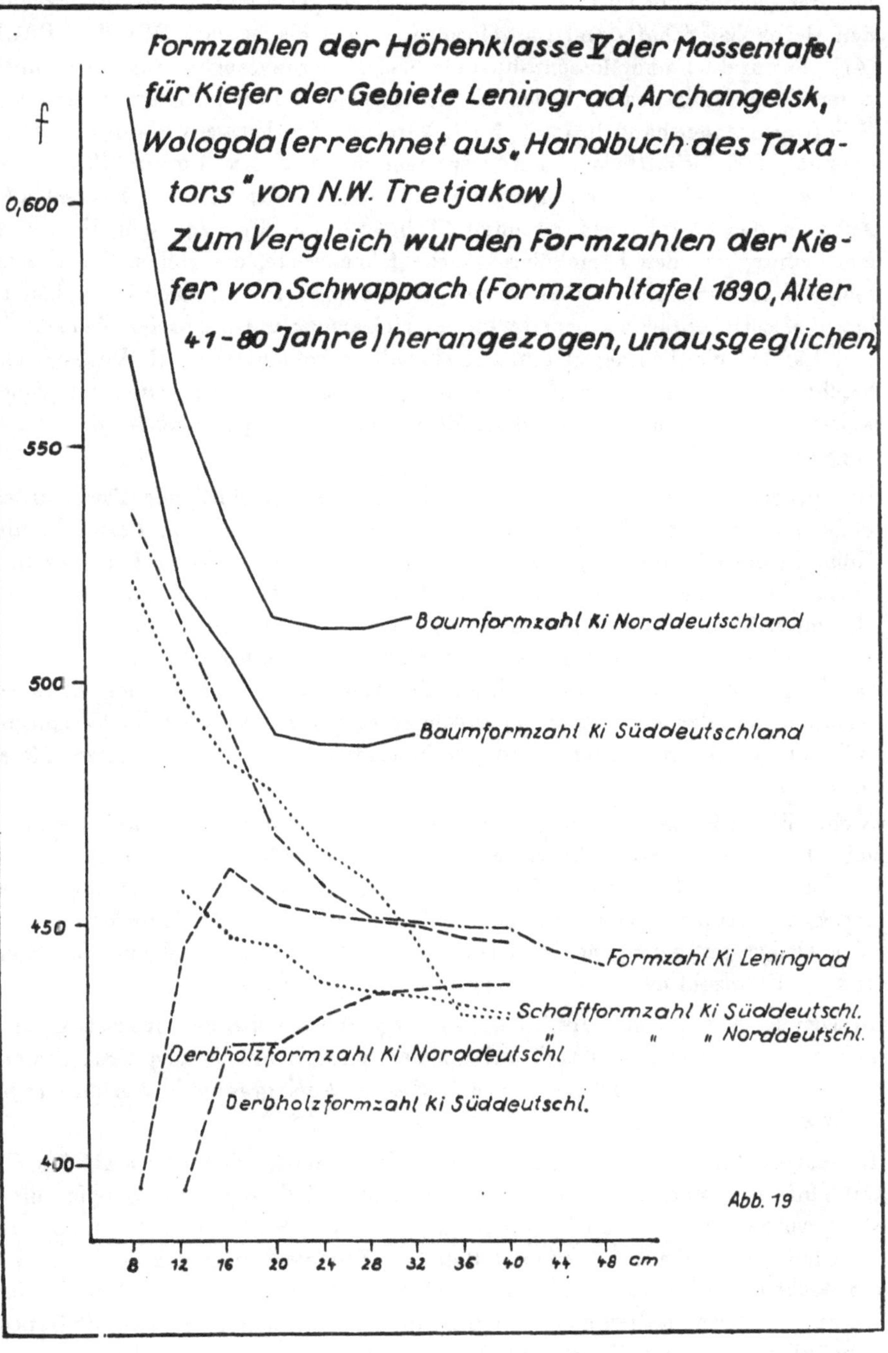
Formzahlen der Höhenklasse V der Massentafel für Kiefer der Gebiete Leningrad, Archangelsk, Wologda (errechnet aus „Handbuch des Taxators" von N.W. Tretjakow)
Zum Vergleich wurden Formzahlen der Kiefer von Schwappach (Formzahltafel 1890, Alter 41-80 Jahre) herangezogen, unausgeglichen)
f
0,600
550
500
450
400
Baumformzahl Ki Norddeutschland
Baumformzahl Ki Süddeutschland
Formzahl Ki Leningrad
Schaftformzahl Ki Süddeutschl.
" " " Norddeutschl.
Derbholzformzahl Ki Norddeutschl
Derbholzformzahl Ki Süddeutschl.
8 12 16 20 24 28 32 36 40 44 48 cm
Abb. 19

diese Frage geklärt werden. Die graphische Darstellung in Abb. 19 gibt den Verlauf der Leningrader Formzahlreihe an. Zum Vergleich wurden die entsprechenden Derbholz-, Schaft- und Baumformzahlen für Kiefer nach SCHWAPPACH (41) „Formzahlen und Massenzahlen für Kiefer" herangezogen. Nach der graphischen Darstellung bestätigt sich die Vermutung, daß es sich um Baum- oder Schaftformzahlen handeln muß. Nach Vergleich des Kurvenverlaufes ist anzunehmen, daß Schaftformzahlen verwendet wurden. Die Formzahlkurve der Leningrader Kiefer liegt unter den Baumformzahlen der Kiefer in Deutschland. Auch in der Formhöhendarstellung (Tab. 13, Abb. 20) zeigt sich die gleiche Erscheinung, da den Formhöhen gleiche Höhenwerte, die Höhen der Höhenklasse V, zugrunde liegen. Dem Massenberechnungsverfahren nach Höhenklassen liegen also Höhentarife zugrunde, die für Holzartengruppen (Kiefer, Zirbelkiefer und Lärche) gleichsinnig gelten. Oft sind diese Höhentarife auf Wuchsgebiete beschränkt. Die zu diesen Höhentarifen gehörenden Massentarife sind jedoch weiter unterteilt und sind als lokale Massentarife für die entsprechende Holzart vorgesehen.

Im vorhergehenden wurde der innere Aufbau der verschiedenen Tarife untersucht und die Eigentümlichkeiten der veränderlichen Größen, Formzahl und Höhe dargestellt und verglichen. Der oft unregelmäßige Verlauf in einzelnen Formhöhen hängt meistens mit der Art der Tarifkonstruktion zusammen. Massentarife, die mit ausgeglichenen Höhenkurven errechnet wurden, werden auch meistens einen ausgeglichenen Verlauf der Massenwerte aufweisen. Das gleiche gilt für die Formzahlen. Wenn also Massentarife aus den drei einzelnen Komponenten der Masse ($g \cdot h \cdot f$) errechnet werden sollen, so ist der Verlauf der Höhe und der Formzahl über dem Durchmesser vor der Verrechnung zur Masse zu prüfen.

Nicht alle Tarife sind — wie gezeigt wurde — aus den drei Einzelfaktoren aufgebaut worden, sondern teilweise wurden von den Verfassern Massen von Probestämmen gemittelt und die Mittelwerte als die Massen der Stufen angeführt. Zerlegt man nun auf diese Weise entstandene Tarife, so werden je nach dem mehr oder weniger gut gelungenen Ausgleich an der Massenlinie die Kurven der Höhe und der Formzahl mehr oder weniger regelmäßig verlaufen.

In Deutschland wurden die Tarife vorwiegend über die drei massebildenden Faktoren aufgestellt, in Frankreich, in der Schweiz und in den USA bedient man sich vorwiegend mathematischer Methoden. Auch graphische Verfahren sind in Anwendung.

In neuerer Zeit sind vor allem in Frankreich durch L. SCHAEFFER (38, 39) mit Hilfe von mathematischen Funktionen und Methoden Massentarife aufgestellt worden. SCHAEFFER gibt in „Revue forestière française" (38, 39) verschiedene Methoden der Tarifaufstellung an. Sehr verbreitet war in Frankreich die Methode der Tarifkonstruktion mit Hilfe von logarithmisch geteiltem Papier. Dieses Verfahrens bediente sich die Station de Recherches Forestières de Nancy. Allmählich traten an die Stelle der graphischen Konstruktion die mathemati-

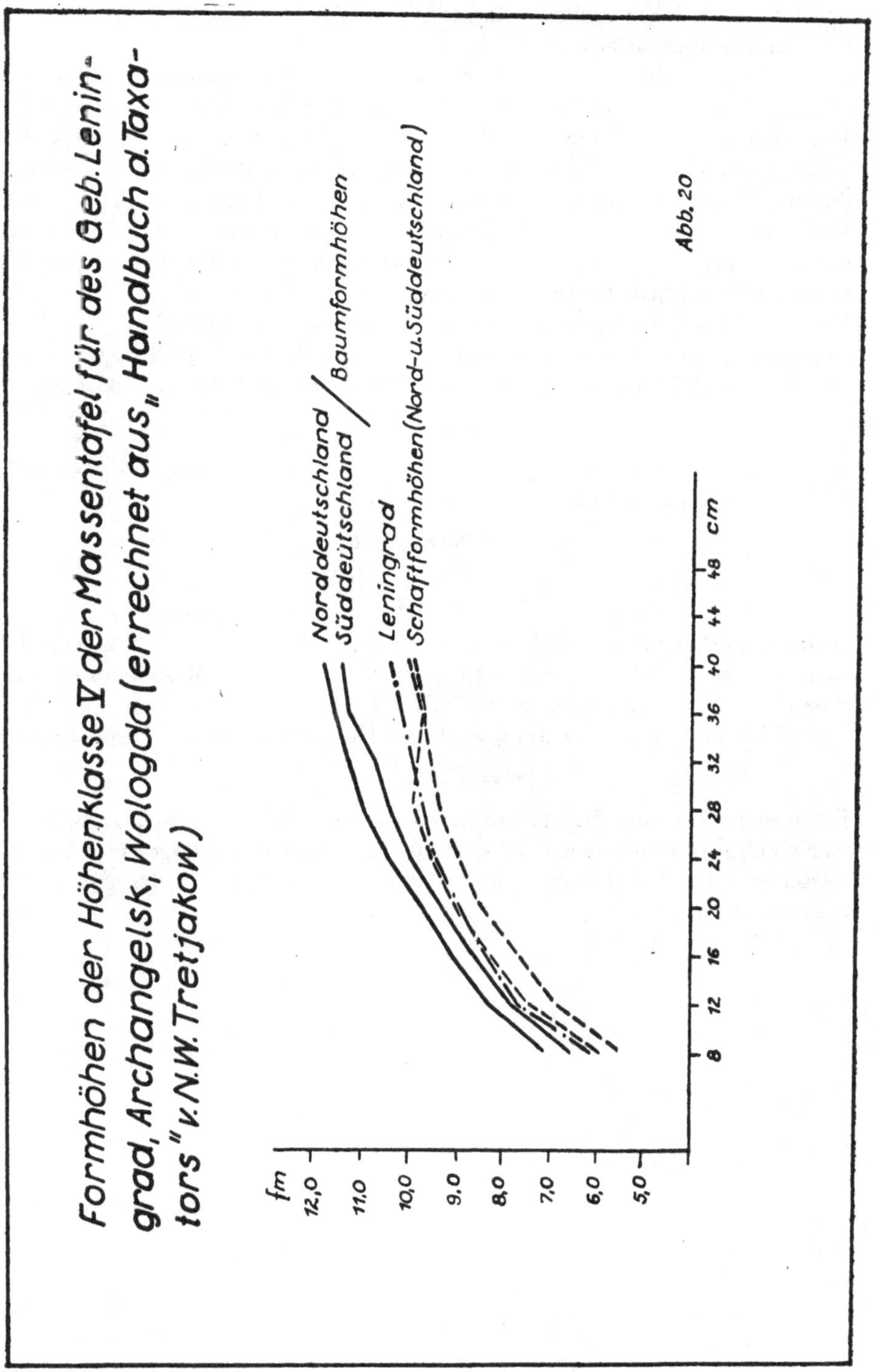
Formhöhen der Höhenklasse V der Massentafel für das Geb. Leningrad, Archangelsk, Wologda (errechnet aus „Handbuch d. Taxators" v. N.W. Tretjakow)
fm
12,0
11,0
10,0
9,0
8,0
7,0
6,0
5,0
8
12
16
20
24
28
32
36
40
44
48
cm
Norddeutschland
Süddeutschland
Baumformhöhen
Leningrad
Schaftformhöhen (Nord- u. Süddeutschland)
Abb. 20

schen Methoden. Formelmäßig dargestellt wurden von SCHAEFFER (38) die tarifs rapides und tarifs lents.
Eine nähere Beschreibung des Vorgehens bei Tarifkonstruktionen wurde von H. A. MEYER (28) gegeben. MEYER beschreibt vor allem mathematische Methoden zur Aufstellung von Massentarifen. Er bedient sich ebenfalls der Methode der kleinsten Quadrate. Auch graphische Konstruktionen werden von ihm empfohlen. Er macht sich dabei die Erscheinung zunutze, daß die Volumen über den Durchmessern auf logarithmischem Papier aufgetragen durch eine Gerade ausgeglichen werden können. Für wissenschaftliche Untersuchungen will er aber doch mathematische Methoden angewendet wissen.
Nach MEYERs (28) Feststellungen ergibt sich nach der logarithmischen Gleichung eine bessere Übereinstimmung der Massenergebnisse als nach der Gleichung einer Parabel 3. Grades. Die Gleichung MEYERs für die Tarifkonstruktion ist

$$v = kC^b.$$

k und b sind variable Koeffizienten des Tarifs, C der Umfang des Stammes; als logarithmische Gleichung geschrieben

$$\log v = \log k + b \log C$$

oder

$$Y = a + bx.$$

Damit ist auch die Brauchbarkeit der graphischen Methode bewiesen, nämlich im logarithmischen System die Streupunkte der ermittelten Massen durch eine Gerade ausgleichen zu können. MEYER (27, Seite 171) gibt dann noch eine Formel für die Zuwachsermittlung an der als Gerade dargestellten Massenlinie an

$$Av = AkbC^{b-1}.$$

Er benutzt hier den Durchmesserzuwachs, um auf den Massenzuwachs zu schließen. Av = Volumenzuwachs, A der als bekannt vorausgesetzte Durchmesserzuwachs, k und b die Koeffizienten des jeweiligen Tarifes und C der Stammumfang.

4. DER WALDHÖHENTARIF

a) Allgemeines über den Waldhöhentarif

Der Waldhöhentarif ist ein Hilfsmittel zur Massenberechnung, das die Vorteile der einheitlichen festen Höhenkurven auf alle Holzarten anwendet und bei geeigneter Bestimmung des mittleren Tarifes die Holzartenvorräte nach Stärkestufen mit genügender Genauigkeit in Vorratsfestmetern errechnen läßt.

Bei der Konstruktion des Waldhöhentarifes — sie wird im einzelnen noch beschrieben — ging der Verfasser einen ähnlichen Weg wie KRUTZSCH (18), als dessen Mitarbeiter der Verfasser an der Konstruktion des Waldhöhenstufentarifes teilnahm. Die Erfahrungen dieser Zusammenarbeit, insbesondere der graphischen Darstellungen und Überprüfung der Ergebnisse, wurden auch bei der Konstruktion des Waldhöhentarifes verwertet und ausgenutzt. Nach der Durchführung der Forschungsarbeiten über die Rekonstruktion der Waldhöhenstufen KRUTZSCHs ergaben sich weitere Einblicke in den Aufbau der Tarife.

Der Gedanke, den Waldhöhenstufen-Tarif von KRUTZSCH auf Vorratsfestmeter umzustellen, lag nahe. Zu diesem Zwecke wurden vom Verfasser neue Massentafeln in Vorratsfestmetern nach den Waldhöhenstufen-Kurven aufgestellt und für Massenberechnungen verwendet. Die Ergebnisse genügten nicht den Anforderungen, die an ein modernes Massenberechnungs-Verfahren gestellt werden müssen, da die berechneten Massen von den „wahren" Werten erheblich abweichen. Es war unbedingt erforderlich, zunächst den Einfluß der Höhen auf die Massenberechnung zu untersuchen und die sich dabei bietenden Vorteile in der Behandlung der Höhe auszunutzen. Es waren Untersuchungen über die Höhenfrequenzen der Bestände anzustellen und über die Verteilung der Einzelhöhen im Bestande. Eine weitere Aufgabe bestand darin, die „Mittelhöhen" zu fixieren und sie in die Massenberechnung einzubeziehen. Nur so war zu erwarten, daß grobe Fehler bei der Massenberechnung ausgeschaltet werden konnten. Nach Klärung dieser Frage konnte ernstlich mit dem Ausbau eines neuen Tarifverfahrens begonnen werden. Gemeinsam mit dem Waldhöhenstufen-Tarif hat der Waldhöhentarif des Verfassers lediglich die Herausarbeitung und Isolierung des Verhältnisses $h : d$ aus der Etragstafel als Durchschnittsgröße für alle Holzarten. Die Ertragstafel wurde auch vom Verfasser nur als Maßstab für die beiden Größen Höhe und Durchmesser herangezogen. Die Verwertung dieser durchschnittlichen Grundlagen erfolgte unter weitgehender Beibehaltung des Kurvenverlaufes. Die Verteilung und der Abstand der einzelnen Tarifkurven mußte ein anderer werden als bei den Waldhöhenstufen KRUTZSCHs; denn bei einer

Holzvorratsinventur im heutigen Sinne muß der Faktor „Höhe" genauer erfaßt werden, als es gemeinhin bei den Plenterwaldtarifen oder beim Waldhöhenstufen-Tarif vorgesehen ist. Die speziellen Zwecke für das Kurvensystem des Waldhöhentarifes bestehen darin, für jeden Tarif durchschnittliche Höhenwerte für die Durchmesserstufen anzugeben und den mittleren Tarif eines Bestandes mit relativ wenig Höhenmessungen für eine Massenberechnung genau genug errechnen zu lassen.
Der Abgang vom Kluppfestmeter schien so lange notwendig, bis die Reduktionszahlen des Kluppfestmeters für alle Holzarten genügend unterbaut sind. Da bisher nur für die Kiefer genügend sichere Werte gegeben sind (35b), wurde von vornherein auf eine Aufstellung der Massentafeln in Kluppfestmetern verzichtet. Es ergab sich damit die Notwendigkeit, andere Formzahlwerte heranzuziehen. Dem Tarif wurden deshalb die GRUNDNER-SCHWAPPACHschen Formzahlen, wie sie von LAER (23) verwendet, zugrunde gelegt. Da bei der holzartenweisen Bearbeitung der Massentarife nach dem Waldhöhentarif Massenunterschiede nur durch die Derbholzformzahl bedingt sind — Höhe und Grundfläche sind gleich —, schien bei Verwendung der durchschnittlichen Höhenwerte auch eine durchschnittliche Formzahl für die gleiche Höhe und den gleichen Durchmesser erprobenswert. Die Massentarife wurden deshalb weiter nach Laub- und Nadelholz aufgestellt, während der Höhentarif als Einheitstarif bestehen blieb. Auch die grundsätzlich andere Anordnung und Verteilung der Höhenmessungen am Objekt stellen einen Unterschied zum Waldhöhenstufen-Tarif dar. Während dort ohne Rücksicht auf die Holzart die Stämme mit A-Kronen (im Sinne der Güteklassenbestimmung KRUTZSCHs) zur Höhenmessung herangezogen wurden, wird bei Anwendung des Waldhöhentarifes eine holzartenweise getrennte Höhenermittlung mit dem Ziel durchgeführt, die Anordnung der gemessenen Stämme so zu treffen, daß die „Mittelhöhe" der Bestockung annähernd erfaßt wird. Diese vom mittleren Tarif repräsentierte „Mittelhöhe" liegt ein wenig unter der des Zentralstammes etwa zwischen der Höhe des Kreisflächenmittelstammes und des Kreisflächenzentralstammes. Der mittlere Höhentarif wird errechnet als das mit dem Durchmesser gewogene Tarifmittel aus Einzelstamm-Messungen in den oberen 4 Stärkestufen. Das Wiegen mit dem Durchmesser erfolgt (in analoger Weise wie bei der Berechnung der Kreisflächenmittelhöhe), um den stärkeren Stämmen ein größeres Gewicht zu geben als den schwächeren, die massenmäßig geringere Bedeutung haben. Die Massenzahlen des Waldhöhentarifes sind Derbholzvorrats-Festmeter. Der Waldhöhentarif teilt sich in einen Höhentarif und in die Massentarife der Holzarten bzw. die der Holzartengruppen für Laub- und für Nadelholz mit je 14 Höhenstufen.

b) Konstruktion des Waldhöhentarifes

Die Entwicklung und die Zusammenhänge mit dem Waldhöhenstufen-Tarif wurden schon beschrieben. Hier soll die Isolierung des Verhältnisses $h : d$ aus der Ertragstafel wiedergegeben werden. Bei der Konstruktion des Tarifes

habe ich mich — wie KRUTZSCH (18) — von dem Gedanken leiten lassen, zunächst den durchschnittlichen Wachstumsgang aller Holzarten zu ermitteln. Für diese Zwecke schienen mir ebenfalls Ertragstafeln geeignet. Die Zahlenangaben wurden der „Ertragstafel für reine und gleichaltrige Hochwaldbestände von Eiche, Buche, Tanne, Fichte, Kiefer, grüner Douglasie und Lärche", von E. GEHRHARDT (13), Ausgabe 1930, entnommen. Die Ertragstafeln sind bekanntlich auf breitesten Untersuchungen aufgebaut und können einen guten Anhalt über die Durchmesser- und Höhenentwicklung von Beständen geben. Außer Durchmessern und Höhen bei entsprechenden Altern wurde aus der Ertragstafel nichts entnommen. Die Zahlen sollten lediglich den Wachstumsrhythmus darstellen. Die Tafel von E. GEHRHARDT wurde verwendet, weil GEHRHARDT von vornherein auf Lokalertragstafeln verzichtet und sein Tafelwerk aus einer Zusammenfassung der modernsten Ertragstafeln bekannter Wissenschaftler errechnete. Er hatte es verstanden, den Wachstumsgang der Holzarten besonders harmonisch ausgeglichen darzustellen. Die Erfahrung bestätigte sich bei den Untersuchungen, die der Verfasser mit KRUTZSCH bei der Konstruktion der Waldhöhenstufen durchführte.
An Ertragstafeln für die einzelnen Holzarten wurde aus der GEHRHARDTschen Zusammenstellung verwendet:

a) Die Eichen-Ertragstafel für starke Durchforstung, aufgestellt auf Grundlagen der Eichen-Ertragstafeln von WIMMENAUER 1913 und SCHWAPPACH 1920;

b) die Buchen-Ertragstafel für schwache Durchforstung von GEHRHARDT 1930;

c) die Tannen-Ertragstafel für schwache Durchforstung, aufgestellt auf Grundlagen der Tannen-Ertragstafel von EICHHORN 1902 und der Arbeit DIETERICHs über Zuwachs- und Ertragsschätzung in Weißtannenbeständen;

d) die Kiefern-Ertragstafel für mittelstarke Durchforstung von 1921, aufgestellt auf Grundlagen der Ertragstafeln von SCHWAPPACH 1908, VORKAMPF-LAUE, WEISE und WIMMENAUER 1908;

e) die Fichten-Ertragstafel für mäßige Durchforstung von GEHRHARDT 1938.

Für die vorgesehene Arbeit kam es zunächst darauf an, den von GEHRHARDT unterstellten Höhenwachstumsgang der einzelnen Holzarten innerhalb der Bonitäten kennenzulernen. Zu diesem Zweck wurden die Summenwerte der Höhen und der Durchmesser über den Altern aufgetragen. Es muß noch einmal betont werden, daß diese Werte lediglich als Rechenwerte dienten. Bei der Fichte reichten die Angaben bis zum Alter von 100 Jahren, bei der Kiefer bis 140 Jahre, bei der Buche bis 120 Jahre, bei der Eiche bis 200 Jahre und bei der Tanne bis 150 Jahre. Um einen gemeinsamen Abschluß zu bekommen, wurden alle Holzarten zunächst mit 150 Jahren abgeschlossen. Das heißt, daß für die Holzarten Fichte, Kiefer, Buche die Durchmesser- und Höhenwerte extrapoliert werden mußten. Die Extrapolation erfolgte graphisch an den Summenkurven. Nach der

Ermittlung der Summenwerte der Höhen und der Durchmesser bis zum Alter von 150 Jahren wurden aus diesen unmittelbaren Ertragstafelmittelwerten die Differenzen zwischen den einzelnen Altern errechnet. Die aus der Tafel errechneten Differenzen zeigten an der Zahlenfolge keine Widersprüche weder in den Höhen- noch in den Durchmesserdifferenzen, so daß also die unmittelbaren Ertragstafelwerte, getrennt nach Holzarten und Bonitäten ermittelt, für die weitere Berechnung unverändert zugrunde gelegt werden konnten. Diese Höhen- und Durchmesserdifferenzen wurden getrennt nach Bonitäten für die fünf Holzarten Fichte, Kiefer, Buche, Tanne, Eiche in den entsprechenden Altern zusammengerechnet, um daraus durchschnittliche Höhen- und Durchmesserdifferenzen bei bestimmtem Alter und Bonität errechnen zu können. Die Ermittlung dieser Durchschnittswerte, im folgenden „Walddifferenzen" bzw. „Waldsummen" genannt, wurde für die Höhe und den Durchmesser bei bestimmtem Alter in Form eines gewogenen arithmetischen Mittels durchgeführt. Die Holzarten haben an den Walddifferenzen also verschiedenen Anteil, da das Mittel gewogen wurde mit der ungefähren Verbreitung der Holzarten. Es ist die Kiefer als Hauptholzart Norddeutschlands mit 0,3, die Fichte als Hauptholzart der Mittelgebirge ebenfalls mit 0,3, die Buche als die Holzart mit der nächstgrößten Verbreitung mit 0,2 und die Eiche und Tanne mit je 0,1 an den Walddifferenzen beteiligt. Die Zusammenfassung scheint gerechtfertigt, da bei gleicher absoluter Höhenbonität das Höhenwachstum der Hauptholzarten relativ gleichsinnig verläuft. Die gleiche Beobachtung konnte von WIEDEMANN (46) auch bei der Durchmesserentwicklung gemacht werden (Abb. 21).

Die Walddifferenzen wurden nach Durchmesser- und Höhendifferenzen über den entsprechenden Altern graphisch aufgetragen und auf ihren harmonischen Verlauf hin geprüft (Abb. 22). Nur geringe Änderungen wurden zum Ausgleich vorgenommen, da die Kurven schon harmonisch verliefen. Die graphisch leicht ausgeglichenen Walddifferenzen für Höhe und Durchmesser wurden abgelesen. Nach dieser Arbeit waren also die Durchmesserwerte wie auch die Höhenwerte der Walddifferenzen in ihrer zeitlichen Folge bontitätsweise abgestimmt. Zur Prüfung des gegenseitigen Verhaltens der Durchmesserwerte zu den Höhenwerten der Walddifferenzen wurde die Höhendifferenz über der dazugehörigen Durchmesserdifferenz graphisch dargestellt (Abb. 23). Diese graphische Darstellung ergibt, den fünf Bonitäten entsprechend, fünf Kurven, die ineinandergeschachtelten Eiern ähnlich sehen und als „Eikurven" (19) bekannt sind.

Diese Kurven stellen das Verhältnis des Verlaufes des Höhenzuwachses zum Durchmesserzuwachs dar. Da die Differenzwerte der V. Bonität die geringsten sind, ist das Ei der V. Bonität das kleinste, das der I. Bonität das größte. Obwohl diese Eikurven den großen Verlauf der Entwicklung der Höhe und des Durchmessers angaben, sind sie doch noch nicht harmonisch ausgeglichen. Die Eikurven nun einfach harmonisch auszugleichen, würde zur Folge haben, daß die Differenzkurve über dem Alter einen sprunghaften Verlauf bekäme. Es kam also darauf an, die Walddifferenz getrennt nach Höhe und Durchmesser ausgeglichen in ihrem zeitlichen Ablauf mit dem Verlauf der Verhältnisse der Walddiffe-

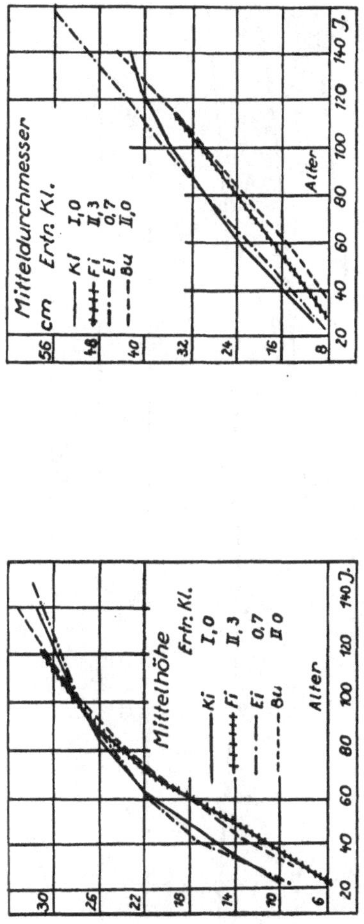

Verlauf von Mittelhöhe u. Mitteldurchmesser bei gleicher absoluter Höhenbonität (28 m bei Alter 100) (nach Wiedemann)

Abb. 21

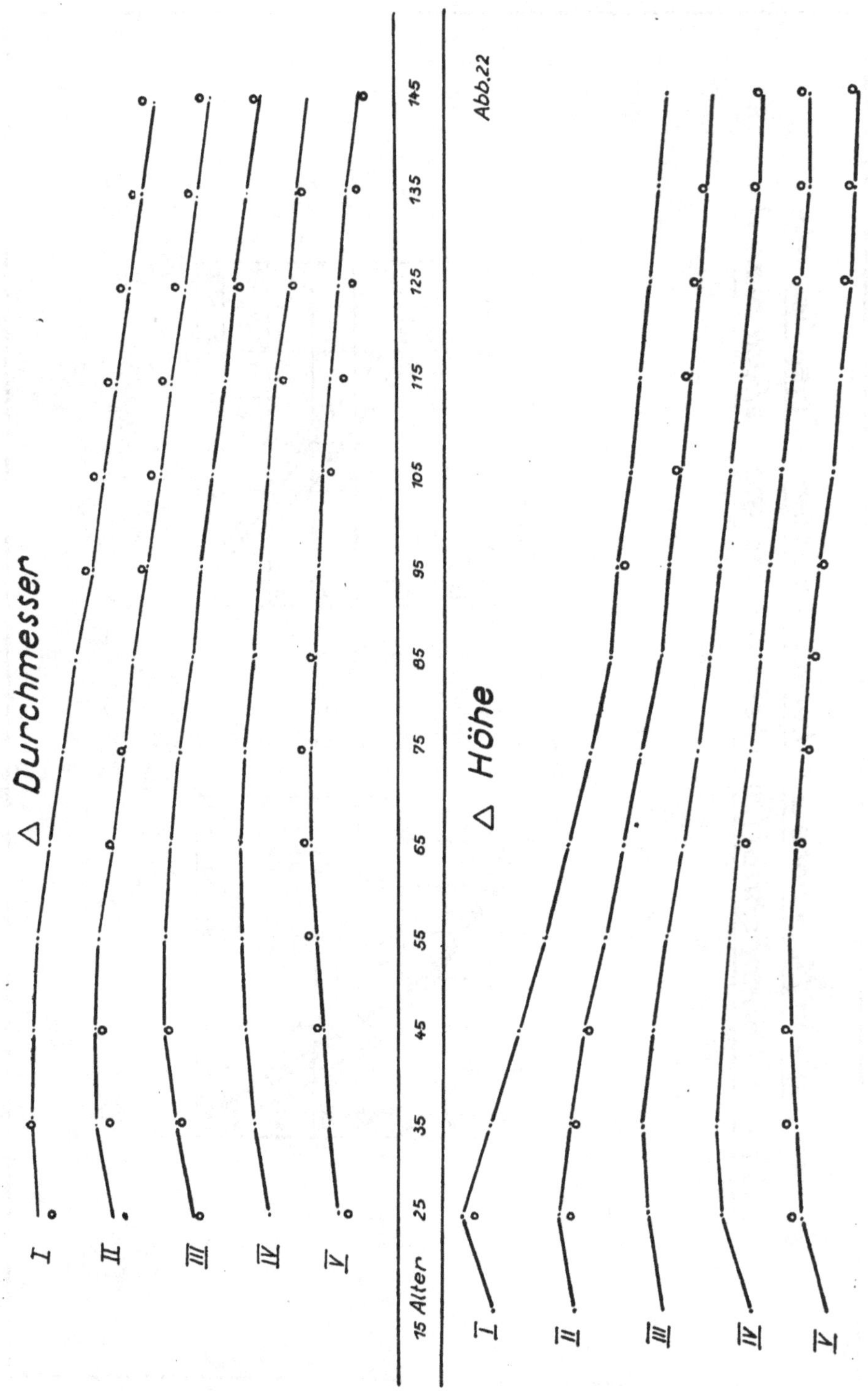
Δ Durchmesser
Δ Höhe
I
II
III
IV
V
15 Alter
25
35
45
55
65
75
85
95
105
115
125
135
145
Abb.22

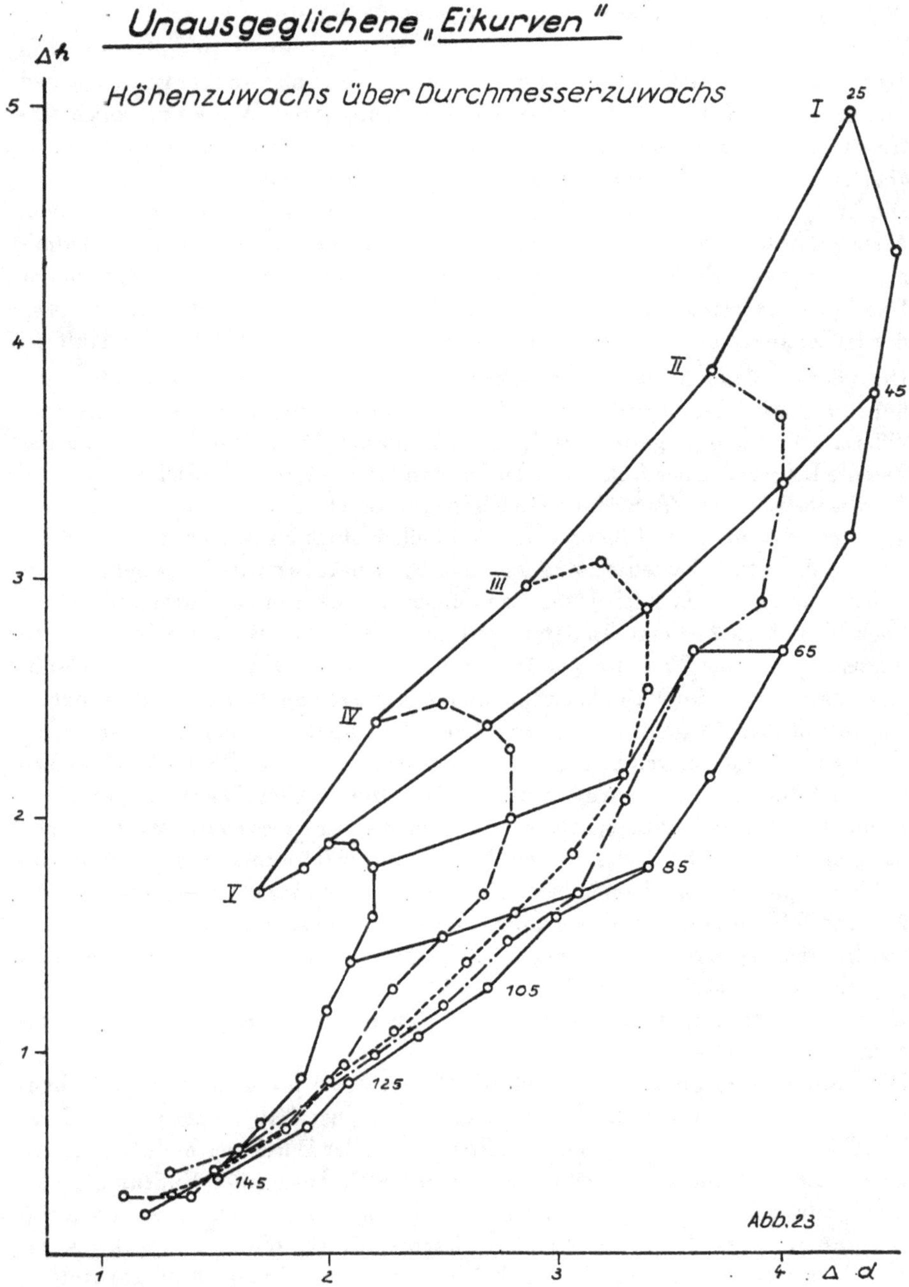
Unausgeglichene „Eikurven"
Höhenzuwachs über Durchmesserzuwachs
Δh
5
4
3
2
1
I
II
III
IV
V
25
45
65
85
105
125
145
1
2
3
4
Δd
Abb. 23

renzen des Durchmessers zu denen der Höhen so in Einklang zu bringen, daß beide Darstellungen in sich widerspruchsfreie und harmonische Bilder ergaben. Die Arbeit mußte und konnte auch ohne große einseitige Veränderungen der Werte durchgeführt werden. Als weitere Sicherung wurden die Alterslinien in die Eikurve eingezeichnet und der Ausgleich der Werte also an drei verschiedenen Linien vollzogen, so daß eine einseitige Veränderung der Werte unmöglich eintreten kann. Die Walddifferenzen der ausgeglichenen Eikurven wurden erneut abgelesen und zur Sicherheit noch einmal gezeichnet (Abb. 24).

Die Walddifferenzwerte bzw. die Waldsummenwerte sind bisher bis zu einem Alter von 150 Jahren bearbeitet worden. Da der Höhenzuwachs aber früh kulminiert und praktisch die Größen früher unter meßbare Werte sinken, während der Durchmesserzuwachs noch lange Zeit erheblich spürbar ist, nimmt die Steigung der Höhenkurve immer mehr ab, bis diese schließlich fast horizontal verläuft.

Die nächste Aufgabe war, die Höhen- und Durchmesserdifferenzen für die höheren Alter festzulegen. Sie wurde gelöst durch Auftragen der Waldhöhendifferenz über dem Logarithmus der Zeit. Trägt man über dem Logarithmus der Zeit die Differenzen der Höhe bzw. der Durchmesser auf, so ergibt sich eine Kurve, die theoretisch die Form einer GAUSSschen Glockenkurve haben müßte, der auch unsere Kurve der Differenz der Waldhöhen stark ähnelt. Da eine Glockenkurve bekanntlich keinen Anfang und kein Ende hat, kann sie für beliebige Zeitgrößen die entsprechenden Differenzen angeben. Die Summenkurven über dem Logarithmus der Zeit ergeben dann eine Gerade. Aus den gesicherten Waldhöhenwerten vom Alter 25 Jahre bis 150 Jahre wurde das Kurvenstück auf Millimeterpapier mit logarithmischer Abszisse aufgezeichnet. Die gleiche Arbeit wurde mit den Walddurchmesserwerten ausgeführt, um den entsprechenden Höhen die dazugehörigen Durchmesser zuordnen zu können. Die Walddifferenzen für die Alter über 150 Jahre wurden aus den graphischen Darstellungen abgelesen. Aus den Walddifferenzen wurden nun die entsprechenden Waldsummen der Höhe und des Durchmessers errechnet. Diese Waldsummenwerte wurden auf Millimeterpapier — die Höhenwerte über den Durchmesserwerten — aufgetragen. Aus den Waldsummenkurven wurden nun für die einzelnen Durchmesserstufen 0a, 0b, 1a, 1b usw. die entsprechenden Höhenwerte abgelesen und in einer Tabelle festgelegt. Zur Kontrolle wurden hier noch einmal die Alterslinien eingezeichnet, und es zeigt sich, daß die Alterslinien auch hier harmonisch und widerspruchsfrei verlaufen.

Die aus den Waldsummenkurven für die Durchmesserstufen abgelesenen Höhenwerte wurden — wie schon beschrieben — in einer Tabelle festgelegt. Diese Waldhöhendifferenzen zwischen den Mittelwerten der Durchmesserstufen wurden über dem Durchmesser aufgetragen und unter Einhalten der Endsumme vorsichtig ausgeglichen. Bis hier verlaufen die Ertragstafeluntersuchungen gemeinsam für die Aufstellung des Waldhöhentarifes wie für die Rekonstruktion der Waldhöhenstufen nach KRUTZSCH. Die fünf Bonitätslinien (Abb. 25) wurden auf 15 Kurven erweitert. Teils lagen diese rechnerisch ergänzten Kurven dicht übereinander mit kaum 1,0 m Abstand, teils waren wieder 3,0 m Höhenunter-

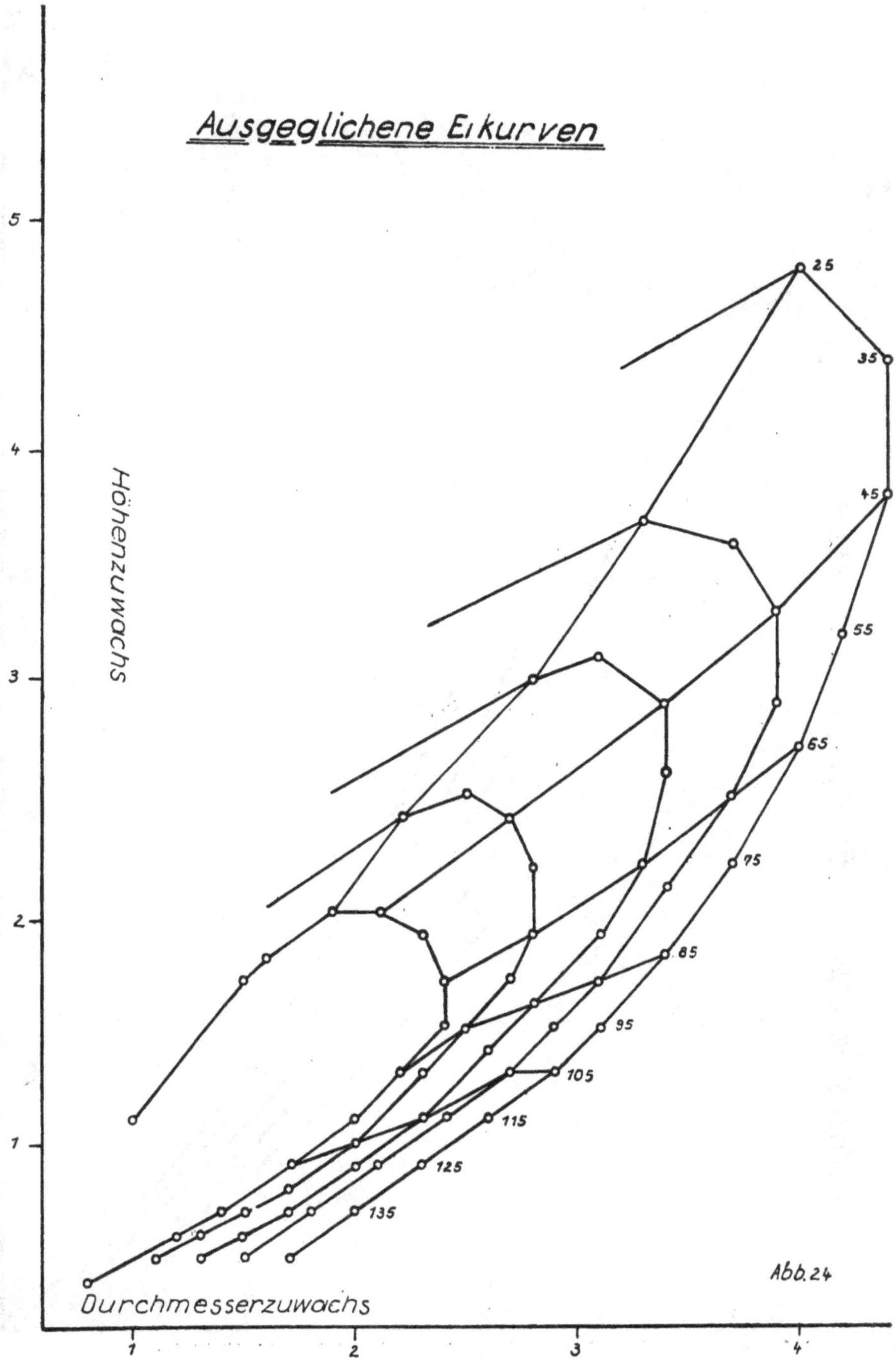
Ausgeglichene Eikurven
Höhenzuwachs
Durchmesserzuwachs
1
2
3
4
5
25
35
45
55
65
75
85
95
105
115
125
135

Abb. 24

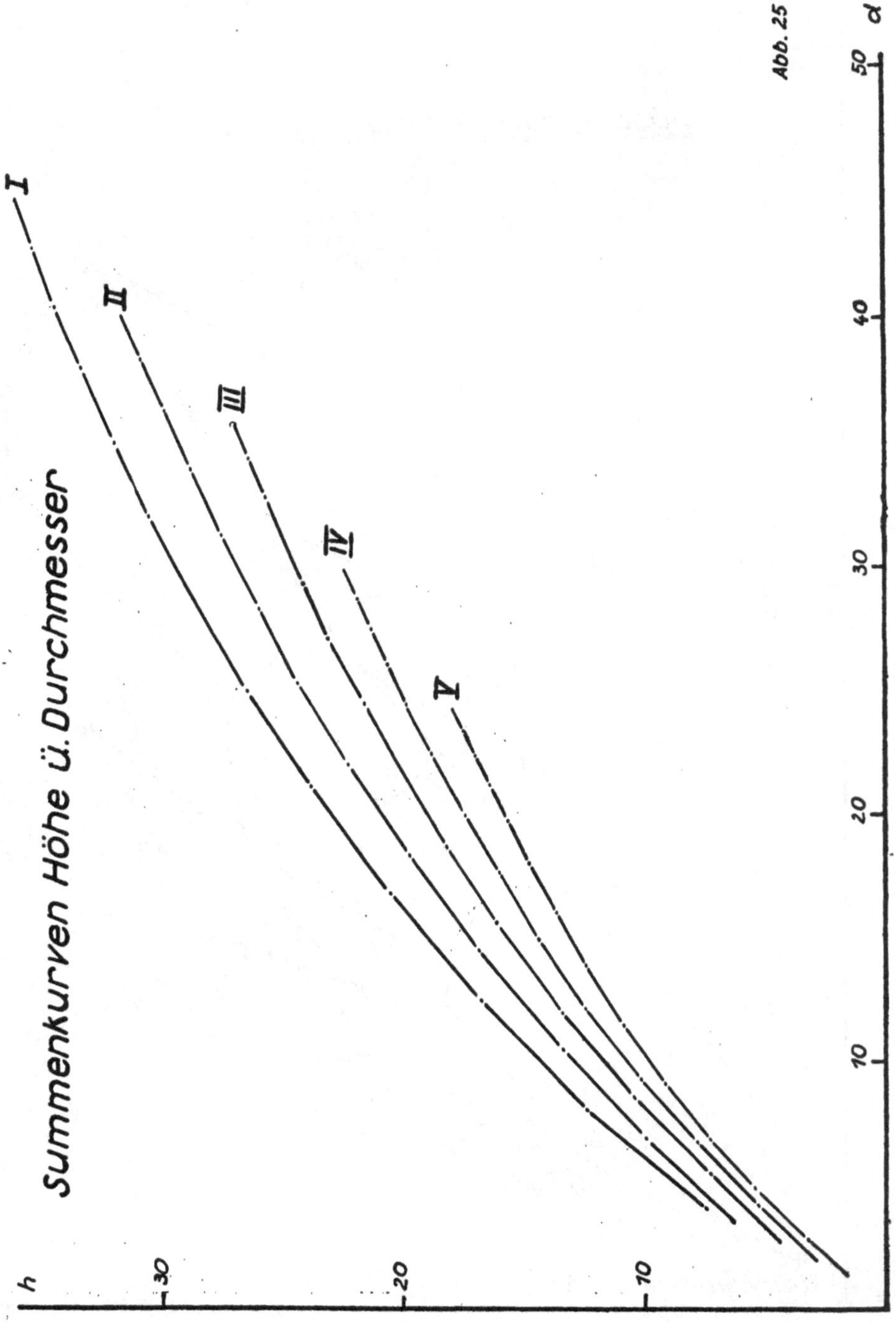
Summenkurven Höhe ü. Durchmesser
Abb. 25
h
30
20
10
d
10
20
30
40
50
I
II
III
IV
V

Waldhöhentarif

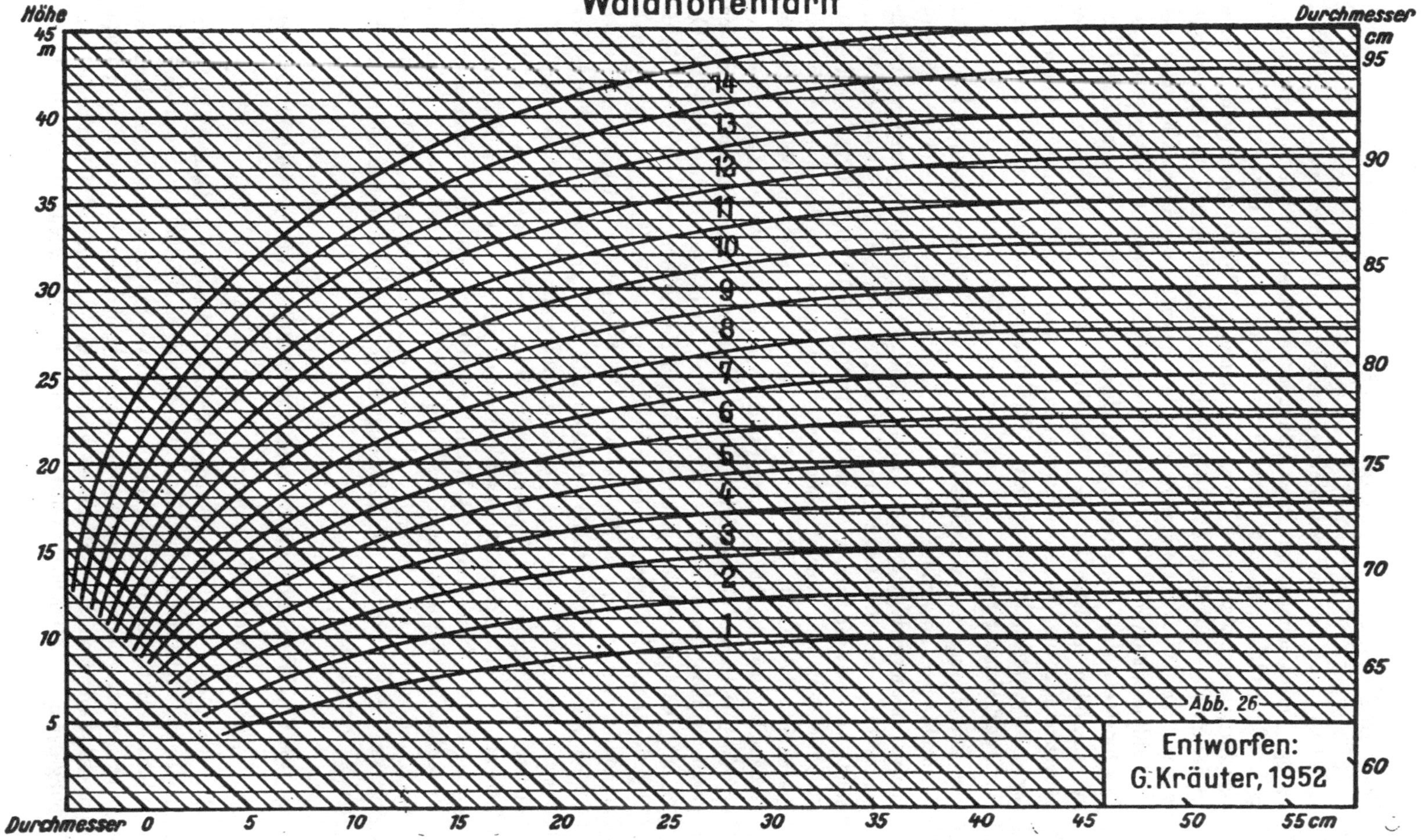

schied von einer zur anderen Linie vorhanden. Diese Linien brachte ich durch geringe Verschiebungen mit ihren Höhenendwerten auf die von mir gewünschte Höhe 10 m; 12,5 m; 15 m; 17,5 m; 20 m; 22,5 m; usw. Von diesen in der Höhenverteilung ausgeglichenen Kurven, ich nenne sie Waldhöhenkurven, wurden wiederum die Höhenwerte für die Errechnung der Differenzen über den Mittelwerten der Durchmesserstufen zugrunde gelegt. Die Höhendifferenzen der 15 Waldhöhenkurven glich ich wiederum graphisch über den Mittelwerten der Durchmesserstufen aus. Diese ausgeglichenen Differenzkurven der Waldhöhenkurven bilden die Grundlage des „Waldhöhentarifs". Sie wurden zu Summenkurven addiert und die neu ermittelten Höhen über dem Durchmesser in der Abszisse aufgetragen. Diese von mir „Waldhöhenkurven" genannten Linien sind die Grenzlinien der Stufen des Waldhöhentarifes (Abb. 26).

Zur Errechnung der Einzelstamm-Massen sind Höhen-, Kreisflächen- und Formzahlwerte notwendig. Als Höhen wurden die Mittelwerte der Höhentarifstufen zugrunde gelegt. Die Kreisfläche ergibt sich aus der jeweiligen Durchmesserstufe, die benutzten Formzahlen sind die von von LAER für die Formhöhen verwendeten, also die von GRUNDNER-SCHWAPPACH. Die Einzelstamm-Massen der Holzarten-Massentarife wurden aus den von LAERschen Formhöhen berechnet. Die Berechnungen der Einzelstamm-Massen für die Nadelholz- bzw. Laubholzgruppen sind über die gemittelten Formhöhen der einzelnen Holzarten durchgeführt worden. Diese gemittelten Formhöhen wurden zur Kontrolle graphisch dargestellt und Unregelmäßigkeiten ausgeglichen (Abb. 27, 28). Die gemittelten und ausgeglichenen Formhöhen ergaben durch Multiplikationen mit den entsprechenden Kreisflächen die Tarifmassen. Diese Einzelstamm-Massen stellen also die Masse der Mittelstämme der Durchmesserstufen für die jeweiligen Höhentarife dar (Abb. 29a, b). Zum Zwecke des Vergleiches mit dem von MEYER (28, S. 171) angeführten graphischen Verfahren der Tarifkonstruktion wurden die Massentarife Nr. 8 für Laub- und Nadelholz des Waldhöhentarifes auf Papier mit logarithmisch geteilter Abszisse und Ordinate aufgetragen. Die Massenlinien des Waldhöhentarifes zeigen auch hier einen guten Verlauf und stellen fast eine Gerade dar. Das bedeutet, daß die Massenkurven des Laub- und Nadelholztarifes, obwohl sie nach einer anderen Methode ermittelt wurden, den von MEYER angeführten mathematischen Gesetzen sehr nahe kommen (Abb. 30).

c) Der Waldhöhentarif als Berechnungsgrundlage für Massenermittlungen

Die massenbildenden Faktoren

Bei den heutigen Verfahren der Holzvorratsaufnahmen nach Probeflächen spielen die Verfahren der mathematisch-statistischen Erfassung eine große Rolle. Bei diesen Methoden der Holzvorratsinventur werden die Stammzahlen der Holzarten getrennt nach Durchmesserstufen (und innerhalb dieser nach Güteklassen) registriert. Die Kreisfläche wird wie üblich in 1,3 m Höhe durch Kluppung der in die Probefläche fallenden Stämme relativ genau erfaßt. Der zweite

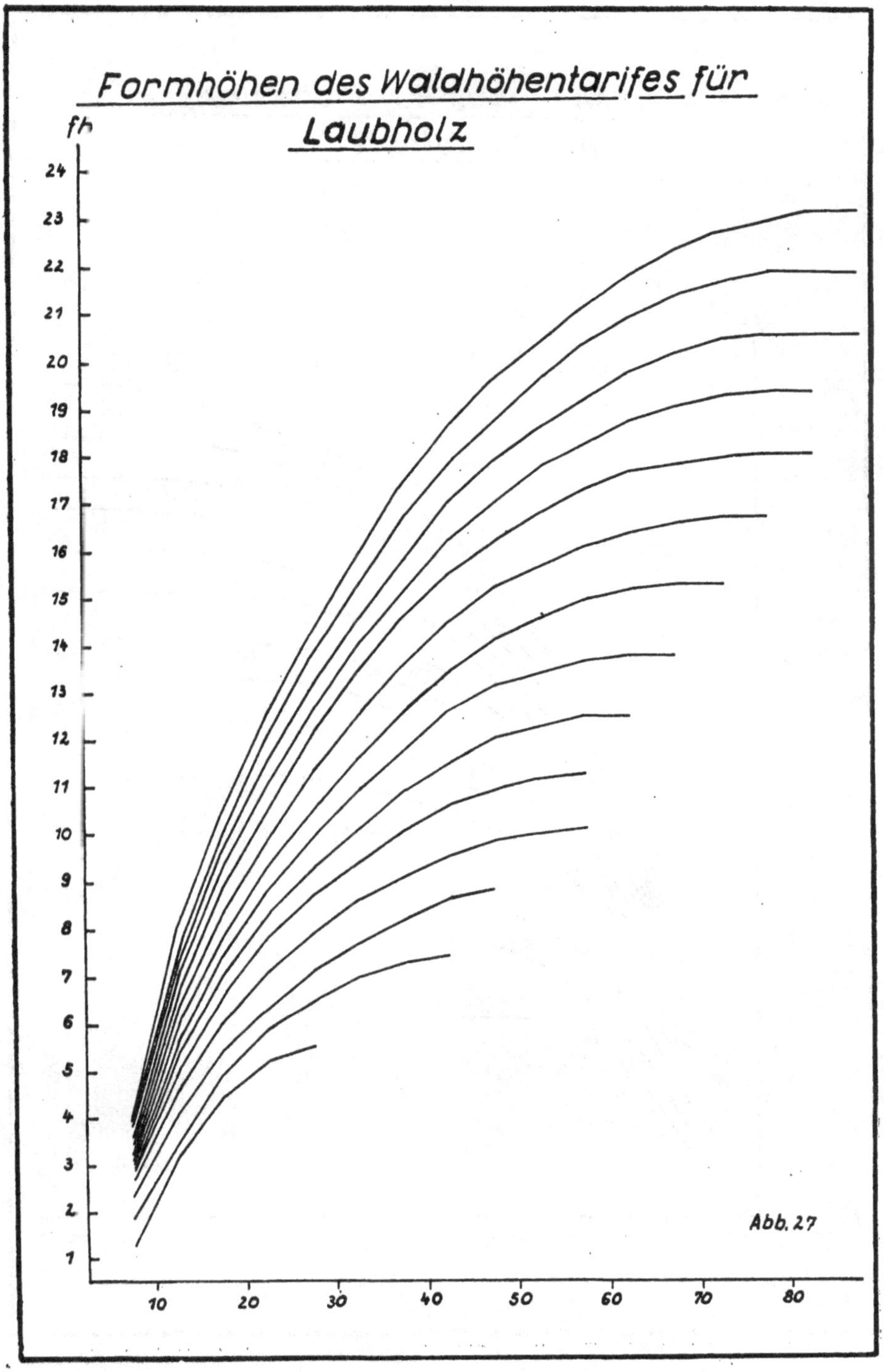
Formhöhen des Waldhöhentarifes für
Laubholz
fh
24
23
22
21
20
19
18
17
16
15
14
13
12
11
10
9
8
7
6
5
4
3
2
1
10
20
30
40
50
60
70
80
Abb. 27

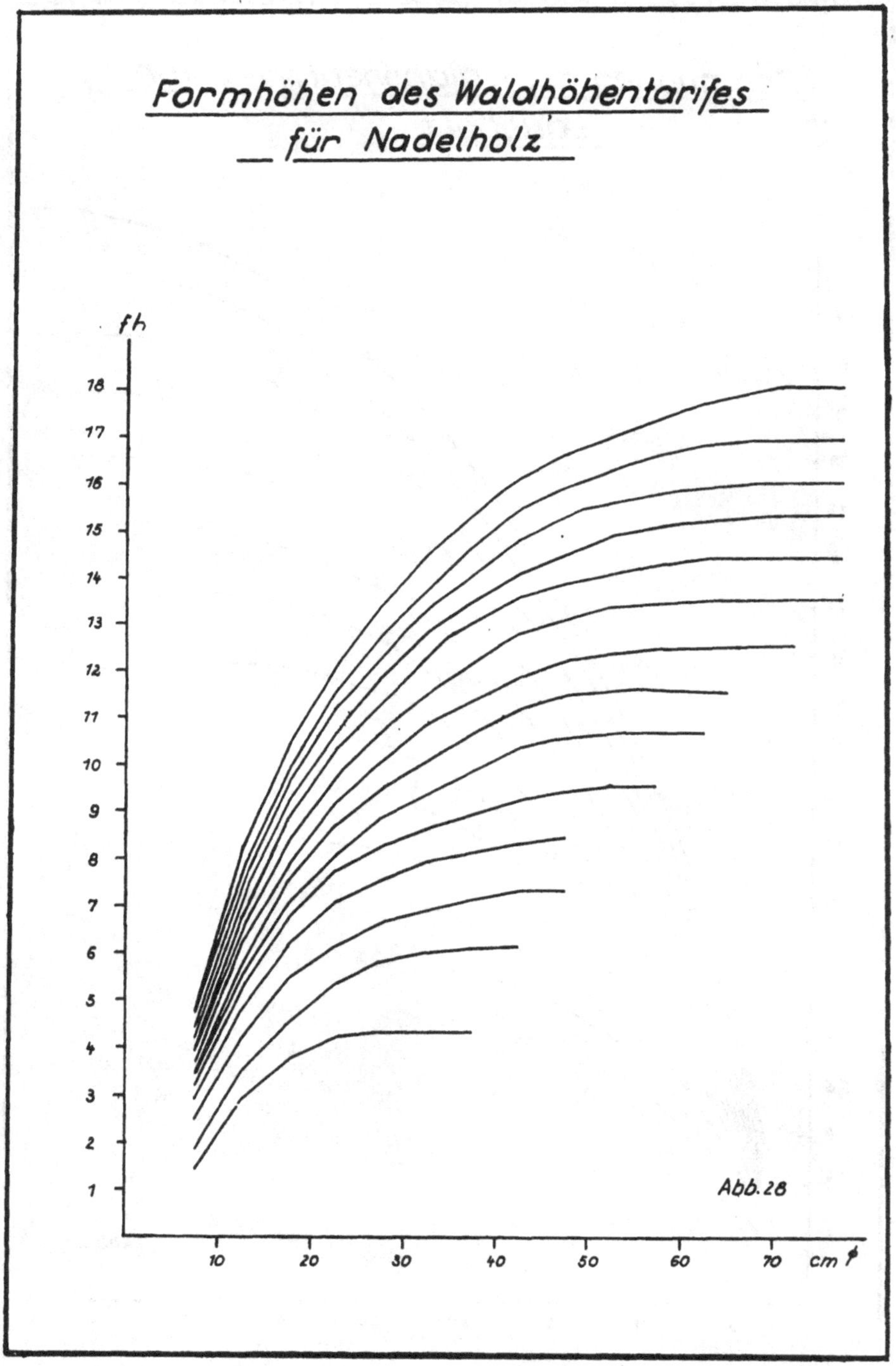
Formhöhen des Waldhöhentarifes für Nadelholz
fh
18
17
16
15
14
13
12
11
10
9
8
7
6
5
4
3
2
1
10
20
30
40
50
60
70
cm ϕ
Abb. 28

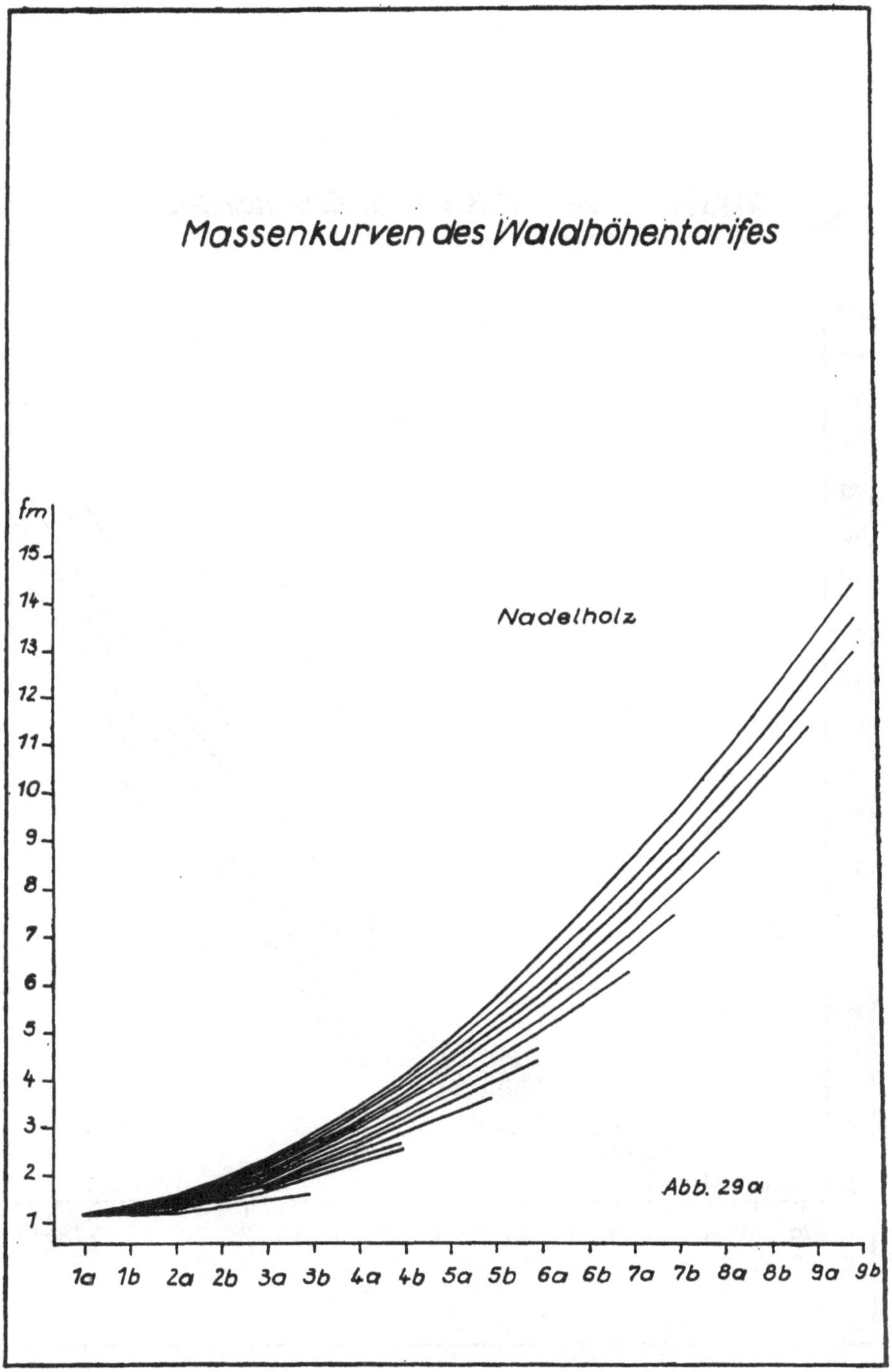
Massenkurven des Waldhöhentarifes
fm
15
14
13
12
11
10
9
8
7
6
5
4
3
2
1
Nadelholz
Abb. 29a
1a 1b 2a 2b 3a 3b 4a 4b 5a 5b 6a 6b 7a 7b 8a 8b 9a 9b

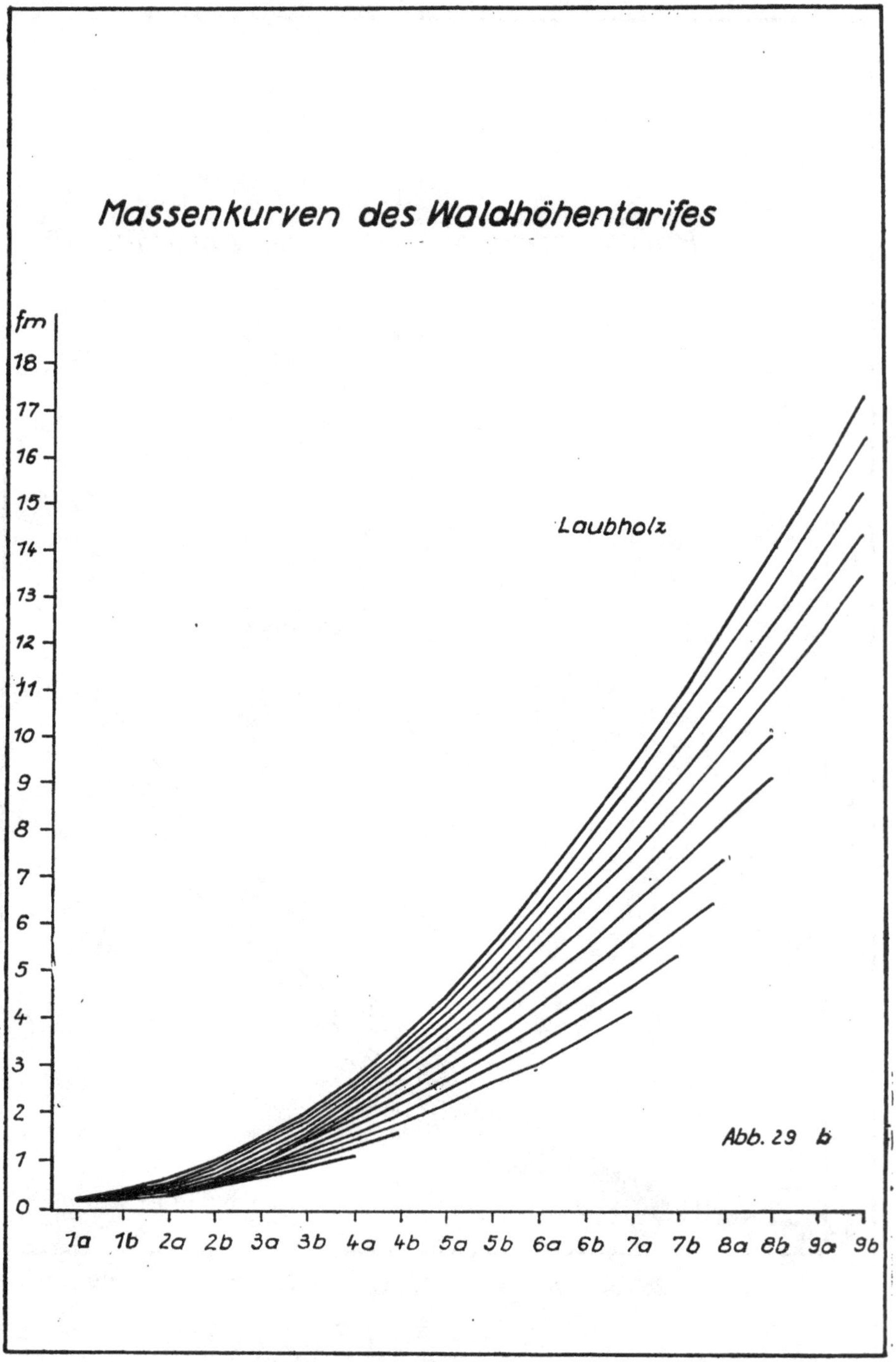
Massenkurven des Waldhöhentarifes
fm
18
17
16
15
14
13
12
11
10
9
8
7
6
5
4
3
2
1
0
Laubholz
Abb. 29 b
1a 1b 2a 2b 3a 3b 4a 4b 5a 5b 6a 6b 7a 7b 8a 8b 9a 9b

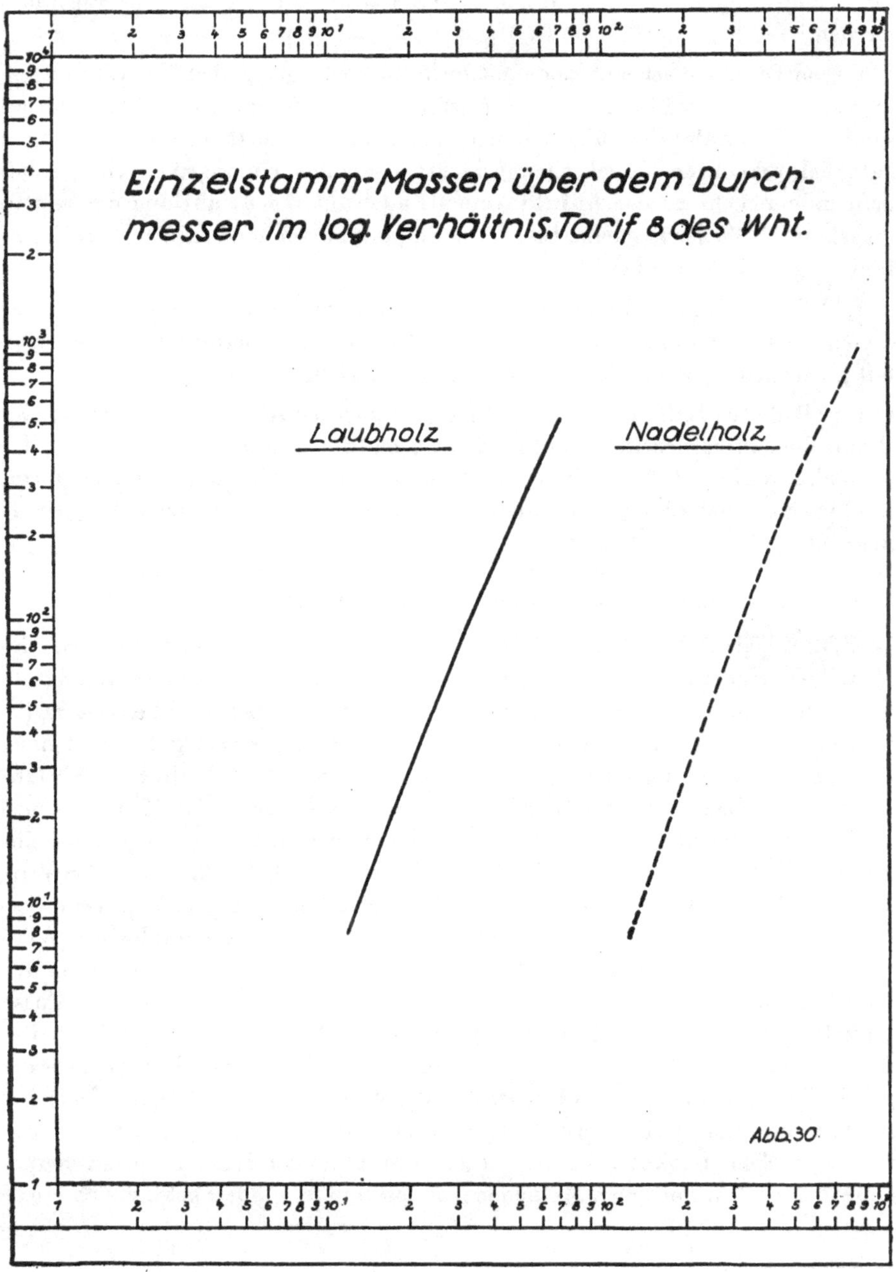
Einzelstamm-Massen über dem Durchmesser im log. Verhältnis. Tarif 8 des Wht.
Laubholz
Nadelholz
Abb. 30

massebildende Faktor ist die Höhe. Über den Einfluß der richtigen Höhenermittlung ist schon sehr viel gearbeitet und veröffentlicht worden. Hier sollen nur einige Ergebnisse der WIEDEMANNschen Untersuchungen angeführt werden.

Während Durchmesser und Höhe mit mehr oder weniger großer Genauigkeit gemessen werden, wird die Formzahl meistens als durchschnittlicher Wert aus besonderen Formzahltafeln übernommen. Diese durchschnittlichen Werte bringen natürlich erhebliche Unsicherheiten in die Massenberechnungen hinein, so daß man immer mehr zu der Ansicht kommt, auch für die Ermittlung der relativ unsicheren Höhenwerte keine besondere Sorgfalt zu verwenden, wenn die Formzahlen so unsicher bleiben.

v. LAER (24, S. 11): „Es entsteht also schon hierdurch die Frage, ob es unter diesen Umständen überhaupt gerechtfertigt ist, die Höhenkurve mit aller Sorgfalt zu ermitteln, wenn die Formzahlenkurve unsicher bleibt."

v. LAER/SPIECKER (25, S. V): „Es ergibt sich daraus für Wissenschaft und Praxis die außerordentlich wichtige Erkenntnis, daß eine genaue Ermittlung der Höhenkurve eines Bestandes überhaupt nur dann einen Sinn hat, wenn die Formzahlkurve des betreffenden Bestandes mit der gleichen ‚Genauigkeit' festgestellt wird."

Wesentlich ist die sichere Ermittlung der „Mittelhöhe".

WIEDEMANN schreibt hierzu (45, S. 410): „Augenscheinlich hat also die Mittelhöhe eine durchaus überragende Bedeutung für die Massenberechnung ... Selbst eine ganz rohe Annäherung der Kurvenform an die Wirklichkeit ergibt bei richtiger Wahl der Mittelhöhe nach jeder Richtung hin sehr gute Ergebnisse, auch in der Verteilung der Masse auf die Durchmesser." Auch KRENN (16) weist auf die Bedeutung der Mittelhöhe hin und vereinfacht die „Höhenmessungen" zu einer Schätzung für einen dreiteiligen Höhenrahmen. Innerhalb der einmal festgelegten Höhenspanne bleibt der Bestand auch für die folgenden Aufnahmen. Eigene Untersuchung an 22 Versuchsflächen (Größe der Versuchsflächen 0,3–0,5 ha) mit den Holzarten Kiefer, Douglasie, Hainbuche, Weymouthskiefer, Fichte, Buche, Eiche und Lärche ergab, daß die Höhenklasse des Kreisflächenmittelstammes mit je einer Klasse nach oben und unten (jede Klasse umfaßt 2 m Höhenunterschied) im Mittel 73,3% aller Stämme einschließt. Die Genauigkeit des arithmetischen Mittels beträgt 7,2%[1]). Später konnte noch die gleiche Untersuchung für den Buchen-Plenterwald in Keula (Größe der Versuchsfläche 1 ha) durchgeführt werden. Dabei ergab sich, daß nur 22% der Stammzahl in diesem oben erwähnten Bereich liegen. Daraufhin wurden von mir an diesem Objekt nach verschiedenen Methoden Tarifbestimmung durchgeführt. Es ergab sich:

---

[1]) Allen statistischen Angaben wurde eine Überschreitungswahrscheinlichkeit von 5% zugrunde gelegt.

Verteilung der Höhenmessungen	Tarif
je Stärkestufe 2 Höhenmessungen	10
je Stärkestufe 1 Höhenmessung	10
die oberen 4 Stärkestufen je 2 Höhenmessungen	10
die oberen 4 Stärkestufen je 1 Höhenmessung	10
die unteren 4 Stärkestufen je 2 Höhenmessungen	9
die unteren 4 Stärkestufen je 1 Höhenmessung	10

Es könnten bei systematischer Verteilung der Höhenmessungen auf die Durchmesserstufen die Tarife 9 und 10 in Frage kommen. Für die Massenberechnung würde sich dieses Ergebnis folgendermaßen auswirken:

Die Masse des Plenterwaldes nach der Forstlichen Versuchsanstalt beträgt 347 fm = 100%.

Nach Tarif 9: 333 fm = 96%

nach Tarif 10: 357 fm = 103%

Will man die Berechnung getrennt nach Oberholz und Unterholz durchführen, so ergibt sich bei einer Trennung bei 40 cm Durchmesser nach den Tarifen 10 und 11 eine Masse von 362 fm = 104%.

Damit ist bei systematischer Verteilung der Höhenmessungen die Verwendung des mittleren Tarifes nach dem vorgeschlagenen Verfahren gerechtfertigt. Zwischen Altersklassenwald und Plenterwald besteht nur folgender Unterschied: „Tarife für den Plenterwald stellen tabellarisch den Zusammenhang zwischen den Einzelstamm-Massen und der dazugehörigen Durchmesserstufe dar, sind also der zahlenmäßig fixierte Ausdruck einer Einheitsbestandes-Massenkurve. Tarife, die hingegen die Massenentwicklung im Altersklassenwald (und wir haben in Deutschland nun einmal fast ausschließlich nur Alterklassenwälder, auch wenn sie gemischt oder mehretagig sind) erfassen wollen, müssen die Entwicklungstendenz berücksichtigen“ (16, S. 4).

Während KRENN die Entwicklung der Massen des Kreisflächenmittelstammes an Hand des Mitteldurchmessers darstellt, wird im Waldhöhentarif die Entwicklung durch das Verhältnis $h_m : d_m$ festgelegt. Zur Kontrolle diente das Verhältnis $h : d$ der entsprechenden Zentralstämme. An den Untersuchungsflächen wurden die mittleren Tarifhöhen den entsprechenden Zentralstammhöhen gegenübergestellt. Es wurden jeweils die Höhendurchmesser-Messungen für die Berechnung des mittleren Tarifes herangezogen, die im Durchmesser dem Mittel der Stärkestufe am nächsten kamen. Aus der Berechnung von 93 reinen und gemischten Beständen ergab sich folgende Verteilung:

Abweichung der Tarifmittelhöhe von der Zentralstammhöhe:

	bis $\pm$ 0,5 m	bis $\pm$ 1,0 m	$>$ $\pm$ 1 m
Anzahl in %	63	22	15

Die Berechnungen sind durchgeführt worden mit Hilfe von Versuchsflächen der verschiedenen Institute der Forstwirtschaftlichen Fakultät Eberswalde und Unterlagen der praktischen Forsteinrichtung des Landes Brandenburg. Der Prozentsatz der Abweichungen größer als $\pm$ 1 m ist zum Teil zu erklären aus der Art des Ausgleiches der Höhenkurven, die für die Bestimmung der Höhe des Zentralstammes benutzt werden mußten.

Es ergibt sich aus den vorhergehenden Untersuchungen, daß die vorgeschlagene Berechnung des mittleren Waldhöhentarifes das Verhältnis von Höhe zu Durchmesser des jeweiligen Zentralstammes recht gut erfaßt; damit ist die Berechnung des mittleren Tarifes als geeignete Grundlage für künftige Berechnungen der Masse, des Zuwachses und der Bonität anzusehen. Bei der Arbeit mit dem Waldhöhentarif wird folgendes Ziel angestrebt: Die Höhenmessungen sollen so weit beschränkt werden, wie sich aus ihnen noch eine mittlere Höhe errechnen läßt. Die Zahl der Höhenmessungen (ungefähr 4—10) wird je nach der in einem Bestand vorhandenen Zahl von Durchmesserstufen schwanken. Es sollen etwa 8 Höhenmessungen für je eine Holzart eines Bestandes gemessen werden. Die Verteilung soll so erfolgen, daß allgemein je Durchmesserstufe zwei Höhen-Durchmessermessungen durchgeführt werden, jedoch sind allgemein nicht mehr als 8—10 Höhenmessungen erforderlich. Es kommt wesentlich darauf an, daß die Höhenmessungen die höheren Stärkestufen erfassen.

Ist die Bestockung ausgesprochen zweistufig, zum Beispiel Kiefernüberhälter über einem Kiefernstangenholz, und wird Wert auf die genauen Massen der wenigen Überhälter gelegt, so muß für die Überhälter der Höhentarif besonders festgelegt werden. Zu diesem Zwecke genügen nur wenige Höhenmessungen, meist nur eine je Stärkestufe. Für die Einzelhöhenmessungen wird dann die Tarifzahl mit Hilfe des Höhentarifes bestimmt, und aus allen Messungen der mittlere Waldhöhentarif für die entsprechende Holzart aus dem mit dem Durchmesser (in dcm) gewogenen arithmetischen Mittel errechnet. Diese Art der Höhenfestlegung scheint schwierig, ist aber relativ einfach, wenn man bedenkt, daß die große Menge der Höhenmessungen wegfällt, daß keine Höhenkurve auf Millimeterpapier gezeichnet zu werden braucht, daß damit die zum Teil sehr „subjektive" Höhenkurve vermieden wird. Liegt der mittlere Waldhöhentarif fest, dann erfolgt die Massenberechnung nach dem Massentarif der Holzart bzw. der Holzartengruppe.

d) Überprüfung des Waldhöhentarifes an Beispielen aus der Praxis

Die Anwendung des Waldhöhentarifes kann im Sinne der Kontrollmethode für Massen- und Zuwachsberechnung erfolgen, das heißt, daß für aufeinanderfolgende Aufnahmen derselbe Waldhöhentarif zugrunde gelegt wird. Dieses Verfahren würde nur im echten Plenterwald anzuwenden sein. Der Tarif ermöglicht — in dieser Weise angewendet — auch die Ermittlung des Zuwachses in Vorratsfestmetern. Für Einrichtungszwecke im gleichaltrigen Wald, wo es praktisch darauf ankommt, möglichst genaue Massenberechnungen durchzuführen, kann der Tarif ohne weiteres verwendet werden und gibt auch hier genügend sichere Resultate. Es wird in unserem gleichaltrigen Wald notwendig und möglich sein, zum Zwecke der Massenermittlung den Waldhöhentarif für jede Aufnahme neu festzulegen, da sich im Altersklassenwald mit dem Alter die Zustandskurven der Bestände verlagern. Selbstverständlich besteht auch im Plenterwald die Möglichkeit der Neufestlegung des Höhentarifs ohne großen Aufwand für jede einzelne Aufnahme. Mit dieser Möglichkeit kann die Massenermittlung immer wieder den gegebenen Verhältnissen angepaßt werden. Mit Hilfe der oben erwähnten Versuchsflächen sind Massenberechnungen nach dem Waldhöhentarif durchgeführt und den Ergebnissen des Instituts für Forstwissenschaften Eberswalde, Abteilung Ertragskunde, und den Ergebnissen des Instituts für Forsteinrichtung der Forstwirtschaftlichen Fakultät Eberswalde gegenübergestellt worden. Die Massenberechnungen wurden an reinen wie gemischten Bestockungen vorgenommen. Die nach dem Tarif berechnete Gesamtmasse von 5467 fm entspricht 99,60% der von den Instituten errechneten Masse von 5489 fm. Die Tarifmasse weicht also von der „wahren" Masse um 0,4% ab.

TABELLE 14

Holzart	Masse der Institute	Masse des Wht.	%
Kiefer	1042	1051	100,9
Fichte	148	146	98,6
Douglasie	837	862	103,0
Buche	1884	1866	99,0
Eiche/Sonstige . .	1578	1542	97,7
	5489	5467	99,6

TABELLE 15

Vergleich von Massenberechnungs-Ergebnissen des Waldhöhentarifes mit Vollkluppungsmassen

nach Holzarten (Fläche Spechthausen, auszugsweise)

Holzart	Masse		Abweichung %	Anzahl der Einzelflächen
	Vk	Tarif		
Kiefer	25986	26290	101	55
Buche	17619	17744	101	51
Eiche	1143	1126	99	19
Fichte	1112	1052	95	16
Birke	589	595	101	15
Ahorn/Erle	76	79	104	4
Douglasie	32	30	94	2
Lärche.	108	99	92	3
	46665	47015	101%	165

Für die Überprüfung wurden die Massen lediglich nach den Holzartengruppentarifen Laub- und Nadelholz ohne Korrekturen (siehe folgendes Kapitel) berechnet. Zur Kontrolle der Ergebnisse wurden neben den relativ kleinen Versuchsflächen der Abteilung Ertragskunde auch ein Großversuch durchgeführt. Freundlicherweise stellte mir Herr Prof. Dr. RICHTER die Vollkluppungsergebnisse von einer Fläche von 215 ha, der Versuchsfläche für Holzvorratsinventuren Spechthausen, für diese Zwecke zur Verfügung. Die berechnete Fläche gliedert sich in 37 Unterabteilungen. Diese Unterabteilungen haben nach Holzartenzusammensetzung und Vorratshöhe verschiedene Vorräte. Die wichtigsten Holzarten sind aus oben angeführter Tabelle zu ersehen. Die Abweichungen der Tarifmassen von den Massen (nach v. LAER) der Abteilungen und Unterabteilungen betragen:

TABELLE 16

Vergleich der nach dem Waldhöhentarif errechneten Massen mit den Vollkluppungsergebnissen

(unterabteilungsweise — Fläche Spechthausen)

Forstort		Tarif	Vollkluppung	
		fm	fm	%
75	a	466	488	95,4
	b	2780	2761	100,6
	c	1326	1337	99,1
	d	2241	2251	104,1
	e	1013	1053	96,2
75		7826	7890	99,2
74	a	2401	2362	101,6
	b	1639	1623	100,9
	c	1635	1640	99,6
	d	1212	1247	97,1
74		6887	6872	100,2
106	a	639	634	100,7
	b	1994	1872	106,5
	c	391	399	97,9
	d	903	869	103,9
106		3927	3774	100,0
107	a	1161	1126	94,6
	b	1441	1452	99,2
	c	1257	1128	111,4
	d	1739	1753	99,2
	e	1133	1148	98,6
107		6731	6607	101,9
73	a	562	592	94,9
	b	669	655	102,1
	c	2247	2235	100,5
	d	2150	2181	98,5
	e	1085	1127	96,2
	f	1123	1147	97,9
	g	506	513	98,6
	h	2924	2976	98,2
73		11266	11426	98,6
108	b	2071	2067	100,1
	c	450	457	98,4
	d	1415	1423	99,4
	e	2303	2334	98,6
108		6239	6281	99,3
109	a	210	234	89,7
	b	186	179	103,9
	c	874	898	97,3
	d	507	521	97,3
	e	761	778	97,8
	f	195	164	118,9
	g	1287	1295	99,3
109		4020	4069	98,8

Die Brauchbarkeit der Tafel der Einzelstammwerte für Massenberechnungen ist mit den aufgezeigten Beispielen genügend nachgewiesen.

Für die Massenberechnungen nach der mathematisch-statistischen Methode wurde das Tafelwerk auf Hektarwerte umgerechnet. Die Überprüfung wurde mit Versuchsergebnissen des Instituts für Forsteinrichtung Eberswalde durchgeführt. Es handelt sich um 3 Abteilungen des Lehrreviers Eberswalde mit teilweise sehr wechselnder Vorratsstruktur.

Die Ergebnisse des Vergleiches stellt Tabelle 17 dar.

TABELLE 17

Abt.	Versuchs-ergebnis	Waldhöhen-tarif	%
73	11666	11485	98,4
108	6648	6271	94,4
109	4240	4358	102,8
	22554	22114	98,0

Mit diesem Ergebnis ist auch die Verwendung der „Tafeln der Hektarwerte" gerechtfertigt und ermöglicht Massenberechnungen nach der mathematisch-statistischen Methode.

Wenn nicht die Holzartentarife verwendet werden, empfiehlt es sich, bei bestandesweiser Holzvorratsberechnung an Tanne die Masse der Stärkestufen bis 30 cm um 15%, ab 30 cm um 10% zu erhöhen.

Die Vorräte der Birke sollen nach dem Nadelholztarif berechnet werden, von dieser Masse sind bei den Stärkestufen über 20 cm 10% abzuziehen.

e) Anwendungsbereiche des Waldhöhentarifes

Die Anwendungsbereiche des Waldhöhentarifes sind — wie man aus den Ergebnissen der Massenberechnungen sieht — sehr weit. Mit Hilfe der Tafeln für Einzelstamm-Massen sind die Massen einiger Versuchsflächen der Abteilung Ertragskunde des Instituts für Forstwissenschaften berechnet worden. Sie haben eine durchschnittliche Größe von 0,3 ha. Als größeres Objekt (215 ha) ist die Versuchsfläche des Instituts für Forsteinrichtung der Forstwirtschaftlichen Fakultät Eberswalde herangezogen worden. Die Ergebnisse wurden holzartenweise sowie innerhalb der Unterabteilungen kontrolliert.

Bei unseren Bestockungsarten und -aufbauformen führt das Verfahren zu befriedigenden Ergebnissen, wie die untersuchten Objekte mit den verschiedensten Bestockungsarten bewiesen haben.

TABELLE 18

Aufstellung der untersuchten Probeflächen nach Holzarten und Forstorten

Forstorte	Ist-Masse	Tarif-Masse	Forstorte	Ist-Masse	Tarif-Masse
		Kiefer			
Eberswalde			Eberswalde		
107a	28	26	106a 1	170	174
106d	55	56	106a 2	271	305
137c	68	68	106a 3	158	126
171a	28	29	106b 1	1388	1473
101f	20	22	106b 3	194	236
I 21/22	161	155	106c	25	24
II 21/22	141	142	106d 1	408	437
III 21/22	154	165	106d 3	32	39
21/22	182	184	107a 1	336	384
73h	69	68	107a 2	113	109
101f	20	21	107b	670	673
100c	16	15	107c	1097	1228
208c	23	22	107d 1	969	931
19a	12	13	107e	626	640
75a	223	221	107b 1	1477	1458
75b 1	1695	1740	108d	262	281
75b 2	10	10	108d 2	929	908
75c 2	94	98	108e	1500	1491
75c 3	23	22	109b	103	108
75d	22	22	109e 1	7	9
74a	1571	1611	109e 2	44	47
74b 1	797	822	109c 3	384	376
74b 2	33	31	109c 7	15	20
74c 1	691	668	109e 1	208	208
74c 2	86	80	109e 3	228	227
74d 3	143	149	109e 4	248	240
74d 4	97	93	109f	164	195
73a	481	454	109g 2	115	123
73b 1	342	344	109g 4	332	324
74b 3	229	233	472a	3505	3592
73b 3	193	209	472b	6232	6055
73b 4	116	112	473a	1927	1978
73c 1	515	512	474a	1462	1522
73c 2	1191	1210	474c	3017	2933
73c 3	100	103	475	888	870
73d	1446	1400	Freienwalde	57	57
73e	741	709	128	10	9
73f	714	692	(Pechkiefer)		
73e 1	398	404			
73b	1562	1547		44061	44292

Forstorte	Ist-Masse	Tarif-Masse
Buche		
Keula (Penterwald)	347	357
Bleicherode		
104	36	38
Harzgerode		
204	947	891
197	739	770
Eberswalde		
106 d	34	35
107 a	48	51
137 e	22	24
101 f	2	2
73	56	55
75 a	243	222
75 b 1	681	672
75 b 2	339	353
75 c 1	104	110
75 c 3	1043	1025
75 d	2129	2218
75 e 1	787	748
75 e 2	219	218
74 a	580	579
74 b 1	204	194
74 b 2	225	217
74 c 1	218	210
74 c 2	612	644
74 d 1	468	449
74 d 2	65	66
74 d 4	31	30
73 a	57	55
73 b 1	4	4
73 b 3	34	37
73 d 3	82	88
73 c 1	367	358
73 c 2	62	64
73 d	735	750
73 e	386	376
73 f	433	431
73 g	115	102
73 h	1414	1377
106 b 2	114	127
106 c	302	295
106 d 1	163	157
107 a 1	643	635
107 b	782	768
107 d 1	784	808
107 e	62	60
108 b 1	359	359
108 e	344	337
108 d 2	113	112
108 d	40	37
108 e	738	699
109 a 2	39	35
109 a 3	40	40
109 b	38	38
109 c 1	13	10
109 c 2	70	66
109 c 5	28	25
109 c 6	40	37
109 d	361	349
109 g 2	528	514
109 g 4	320	326
109 c 3	168	173
472 a	1507	1412
472 b	2626	2616
473 c	1098	1158
474 c	843	866
	26049	25894
Fichte		
Eberswalde		
101 f	7	8
208 e	85	86
137 f	23	20
45 c	8	8
60 a	17	17
75 a	22	23
74 d 1	4	3
74 d 3	136	113
73 a	22	23
106 b 1	95	80
106 b 3	10	4
106 d 1	153	158
106 d 2	32	34
107 c	7	7
107 e	427	403
108 d 1	37	33
108 d 2	42	44
108 e	21	22
109 a 3	4	4
109 b	38	39
109 e 1	62	62
452 b	557	565
455 a	1809	1756
	3618	3512

Eiche und andere Laubhölzer

Forstorte	Ist-Masse	Tarif-Masse
Freienwalde 172		
I Eiche	338	319
II ,,	280	287
III ,,	172	169
IV ,,	388	371
Bleicherode 104		
Ahorn	10	11
Esche	2	3
Ulme	6	5
Freienwalde 192		
Erle	22	23
	118	125
Erfurt 51		
Eiche	121	110
Carya	97	94
Eberswalde		
18c Eiche	20	20
137e Hainb.	1	1
73h Buche	3	3
Hainb.	1	1
75c 3 Eiche	73	71
75e 2 ,,	47	47
74c 2 ,,	23	22
74d 1 ,,	125	127
74d 3 ,,	18	18
73a ,,	17	14
106a 1 ,,	35	34
106b 1 ,,	58	62
106c ,,	72	72
106d 1 ,,	31	29
108b 1 ,,	202	215
108e ,,	113	113
109a 1 ,,	15	11
109a 2 ,,	5	5
109c 1 ,,	18	12
109c 5 ,,	34	33
109c 6 ,,	65	59
109d ,,	160	158
109e 1 ,,	32	24
455a ,,	3460	3300
455b ,,	1119	1123
452b Birke	1568	1783
454a ,,	815	932
454b ,,	2444	2627
455a ,,	551	667
Eberswalde		
454a Erle	362	366
454b ,,	3689	3272
455a ,,	623	652
73a ,,	15	16
106b 1 Ahorn	6	6
106d 1 Erle	16	15
108e ,,	39	42
75b 1 Birke	30	35
75b 2 ,,	6	6
74b 1 ,,	92	96
74a ,,	211	211
74b 3 ,,	9	9
74c 1 ,,	10	11
74d3 ,,	78	75
106b 1 ,,	7	6
106d 1 ,,	26	25
107a 2 ,,	34	33
107c ,,	33	29
107e ,,	36	49
107a 1 ,,	3	2
107a 2 ,,	7	4
107c 1 ,,	7	4
	18018	18064

Douglasie

Finowtal	121	168	177
Erfurt	51	465	491
Eberswalde	171c	26	24
	137b	25	22
	110e	35	32
	19a	46	45
	136d	34	34
	135c	38	36
	106d 1	8	8
	107c	24	22
		869	891

Überprüfung der Kreisprobenahme-Tafel

Eberswalde	73	11666	11485
	108	6648	6271
	109	4240	4358
		22554	22114

Zusammenstellung:

Anzahl der Flächen		Ist-Masse	Tarif-Masse	%
Kiefer	77	44061	44292	100,52
Buche	63	26049	25894	99,40
Fichte	23	3618+	3512	97,07
Eiche u. a. Laubhölzer	62	18018	18064	100,26
Douglasie . . .	10	869	891	102,53
		92615	92653	100,04
Ferner	57	22554	22114	98,05
	292	115169	114767	99,65

Der Waldhöhentarif wird trotz großer Einfachheit in der Anwendung allen Anforderungen der Praxis an ein Massenberechnungsverfahren gerecht. Die Arbeit der praktischen Holzvorratsaufnahme wird durch den Waldhöhentarif und das dazugehörige Tafelwerk wesentlich vereinfacht.

5. WALDHÖHENTARIF UND BONITIERUNG

a) Allgemeines

Der Waldhöhentarif dient vorwiegend zur Massenermittlung von Holzvorräten. Von Vertretern der praktischen Forsteinrichtung wurde es als Mangel angesehen, daß durch das Höhenkurvensystem des Tarifes keine „Bonitierung" möglich sei. Die „Bonitierung" ist mit der Kreisflächenmittelhöhe durchzuführen. Ersatzweise verwendet die Forsteinrichtung die Höhe des Kreisflächenmittelstammes oder des Kreisflächenzentralstammes, das heißt, der mittlere bzw. zentrale Durchmesser wäre zu errechnen, die dazugehörige Höhe müßte aus einer zu zeichnenden Höhenkurve entnommen werden. Damit würden die Vorteile des Tarifverfahrens — bei Anwendung in der praktischen Forsteinrichtung — teilweise entfallen.

Obwohl es nicht Aufgabe eines Massenberechnungsverfahrens ist, speziell eines Tarifes, auch einen Anschluß an die Ertragstafeln zu gewährleisten, sollen doch im folgenden die Beziehungen zwischen Tarif und Bonität untersucht werden.

b) Waldhöhentarif und relative Höhenbonität

Der Waldhöhentarif ist, wie anfangs erwähnt, ein Hilfsmittel zur Massenberechnung. Der Zusammenhang mit unserer Ertragstafelbonität ist zu diesem Zwecke nicht erforderlich, da die Massenbestimmung nicht durch die Ertragsklasse modifiziert wird. Um aber einem Bedürfnis der Forsteinrichtung nachzukommen und um vor allem auch die waldbauliche Planung zu erleichtern, sind die Beziehungen zwischen dem Waldhöhentarif und den relativen Bonitäten untersucht worden. Das Kurvensystem des Waldhöhentarifes ist aus dem Verhältnis $h : d$ der Ertragstafeln entstanden. In diesem Kurvensystem sind keine Altersangaben gemacht worden, da diese für die Massenberechnungen nicht benötigt werden und die Arbeit damit nur erschwert würde. Zum Zwecke der vorgesehenen Untersuchung der Beziehungen zwischen Tarif und relativer Bonität war es jedoch erforderlich, die Alterslinien in den Tarif einzufügen. Die für die Konstruktion des Tarifes benutzten Durchschnittsalter aller Holzarten schienen für diese Zwecke zunächst nicht geeignet, da diese Arbeit unter Berücksichtigung der einzelnen Holzarten durchgeführt werden sollte.

Nachdem holzartenweise der Gang der Durchmesserentwicklung und ferner die erreichbaren Enddurchmesser, also die Wuchsgeschwindigkeit an Hand der neuen Ertragstafelsammlung von WIEDEMANN (51) ermittelt waren, konnten

die absoluten Durchmesser für die einzelnen Alter bestimmt werden. Diese Durchmesserwerte wurden im Netz des Waldhöhentarifes aufgetragen, und zwar auf den Tariflinien, die dem Verhältnis $h : d$ der entsprechenden Bonitäten am nächsten kamen.
Verbindet man nun die Durchmesserwerte gleichen Alters auf den verschiedenen Kurven, so kommt man zu den Alterslinien, die holzartenweise verschieden sein müssen. Festzustellen ist hier noch, daß die Durchmesserentwicklung bei der Tarifkonstruktion nur als Maßstab für die Höhenentwicklung benutzt wurde, aber die Alterslinien allein mit Hilfe des Durchmesserzuwachses der jeweiligen Holzarten bonitätsweise ermittelt und diese Werte lediglich auf die den Bonitäten

TABELLE 19

Genauigkeitsuntersuchungen zur Bonitierung
(Verglichen mit WIEDEMANN Ertragstafel-Sammlung)

Forstort	Alter	∅ Stufe der Mittelhöhe	Tarif Nr.	Bonität nach Waldhöhentarif	Höhe des Zentralstammes	Bonität der Ertragstafel
Kiefer						
Usedom 1	66	1a/1b	2	V	10,2	IV,7
2	65	1a/1b	3	IV,5	10,3	IV,7
18	63	1b/2a	4	III,5	14,0	III,5
20	48	1b	5	II,5	15,1	II,3
Torgelow 1	74	2b/3a	9	I,3	24,2	I,1
Buche						
Bleicherode 104	76	1a/1b	10	III,6	16,3	III,7
Harzgerode 204	130	5b	11	I,3	35,5	I,3
Eberswalde 107a	128	4a/4b	11	II,0	32,0	II,0
137e	110	2b	9	III,5	22,5	III,6
73a	110	3a/3b	11	II,2	29,0	II,1
Eiche						
Freienwalde 172 I	140	3b/4a	10	I,2	30,6	I,0
172 II	140	4a	11	I,0	30,5	I,0
172 III	140	5a/5b	9	I,0	30,0	I,0
Erfurt 51	87	2b	7	II,3	21,0	II,1
Freienwalde 172 IV	161	5b/6a	9	I,2	30,8	I,2
Fichte						
Eberswalde 45c	65	2b	11	I,3	25,5	I,2
60a	73	3b	10	I,2	27,5	I,3
101f	59	3a/3b	9	I,0	26,0	I,0
208e	65	2b/3a	10	I,3	25,0	I,3
137f	69	2b	9	II,0	24,5	I,7

Im Interesse der Einheitlichkeit wurden alle Bonitierungen nach der Zentralstammhöhe durchgeführt und die Ertragstafelsammlung 1949 von WIEDEMANN zugrunde gelegt.
Kiefer, Fichte, Buche mäßige Durchforstung — Eiche starke Durchforstung.

entsprechenden Tariflinien aufgetragen wurden. Die Tariflinien sind also als Höhendurchschnittswerte unabhängig von den holzartenweise ermittelten Durchmessern, die für die Konstruktion der Alterslinien nötig waren.

Ursprünglich schien es ratsam, die Alterslinien holzartenweise festzulegen. So ist die beste Anpassung der Höhenkurven — über dem Alter aufgetragen — an die Höhentarifkurven zu erwarten. Bei einzelnen Holzarten lagen sie sehr dicht zusammen, so daß eine Interpolation mit diesen Kurven schwierig schien (Abb. 32, 33, 34, 35).

Im Zuge der Arbeiten zeigte es sich, daß die Interpolationsmöglichkeiten besser werden, je größer die Abstände zwischen den Alterslinien sind. Damit wichen die Bonitätslinien aber mehr oder weniger von den Tarifkurven ab. Dieser Umstand wirkte sich jedoch bei Verwendung der Alterslinien für Bonitierungszwecke nicht hinderlich aus. Weiter lag der Gedanke nahe, ein einheitliches Alterslinien-System zu verwenden und darauf die gewünschten Höhenwerte der Ertragstafel zu übertragen (Abb. 37). Die einheitlichen Alterslinien wurden als Mittelwerte aller Holzarten rechnerisch ermittelt und graphisch aufgetragen (Abb. 36 und 37). Der Verlauf der Durchmesserwerte wurde im Wahrscheinlichkeitsnetz kontrolliert (Abb. 31).

An Hand dieser Altersangaben war eine Verbindung zu den Ertragstafeln geschaffen.

Zur allgemeinen Anwendung in der Forsteinrichtung muß sich infolge der Einfachheit ein einheitliches Altersliniensystem besser bewähren als ein differenziertes. Die Möglichkeit, mit Hilfe von Höhentarifkurven zu bonitieren, ist aber erst dann gegeben, wenn der zentrale Durchmesser selbst bzw. die Stärkestufe des Zentralstammes vorliegt oder geschätzt werden kann.

Es ist damit möglich geworden, jede Ertragstafel für Bonitierungszwecke heranzuziehen und ihre Bonität mit dem Graphikon in Beziehung zu bringen; das heißt, daß nach jeder Ertragstafel bonitiert werden kann. Es kann nicht erwartet werden, daß die Tariflinien und die Bonitätslinien genau gleichsinnig verlaufen. Diese Eigenschaft ist nicht erforderlich, wenn bei der Bonitierung vom mittleren Tarif und dem zentralen Durchmesser ausgegangen wird. Wie auch bei jeder Ertragstafelbonitierung ist auch hier das Alter der Bestockungen erforderlich.

Es wird noch einmal betont, daß das Altersliniensystem nur ein Hilfsmittel für Bonitierungszwecke darstellt und mit dem Tarif zur Massenberechnung keine unmittelbare Verbindung aufweist. Es ist unmöglich, die Altersangaben mit den Massenzahlen unmittelbar in Beziehungen zu setzen.

Als Muster sind die Bonitätslinien der Kiefern-Ertragstafel mäßige Durchforstung WIEDEMANN 1943 in das einheitliche Altersliniensystem eingezeichnet worden (Abb. 38). In Tabelle 19 wird eine Übersicht über die erreichten Genauigkeiten bei der Bonitierung nach dem vorgeschlagenen System gegeben.

Das Kurvensystem des Waldhöhentarifes erweist sich als durchschnittlich dargestelltes Verhältnis von $h : d$ als sehr brauchbar und anpassungsfähig für Massenberechnungen. Mit Altersangaben ist es geeignet für Bonitierungszwecke.

Durchmesserentwicklung für Zuwachsberechnung und Bonitierung im Wahrscheinlichkeitsnetz.

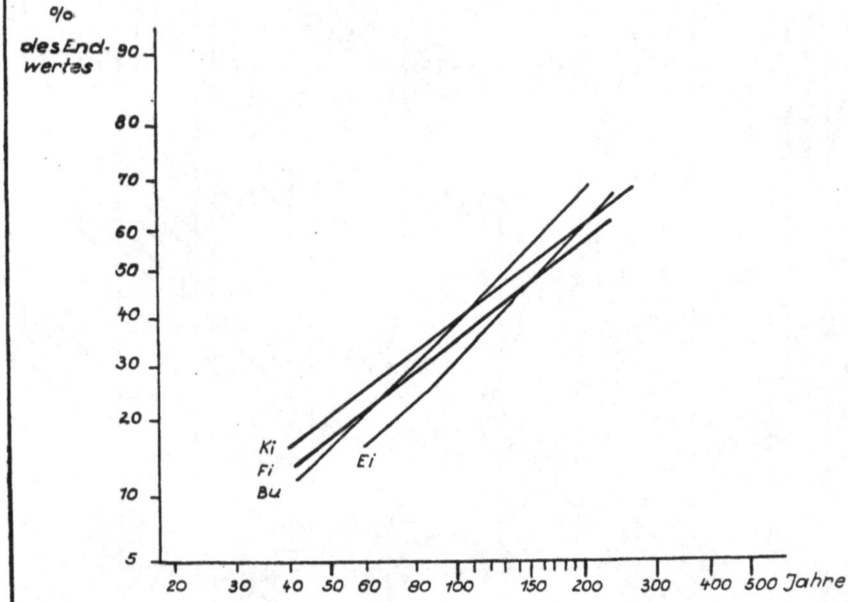

Abb. 31

Waldhöhentarif

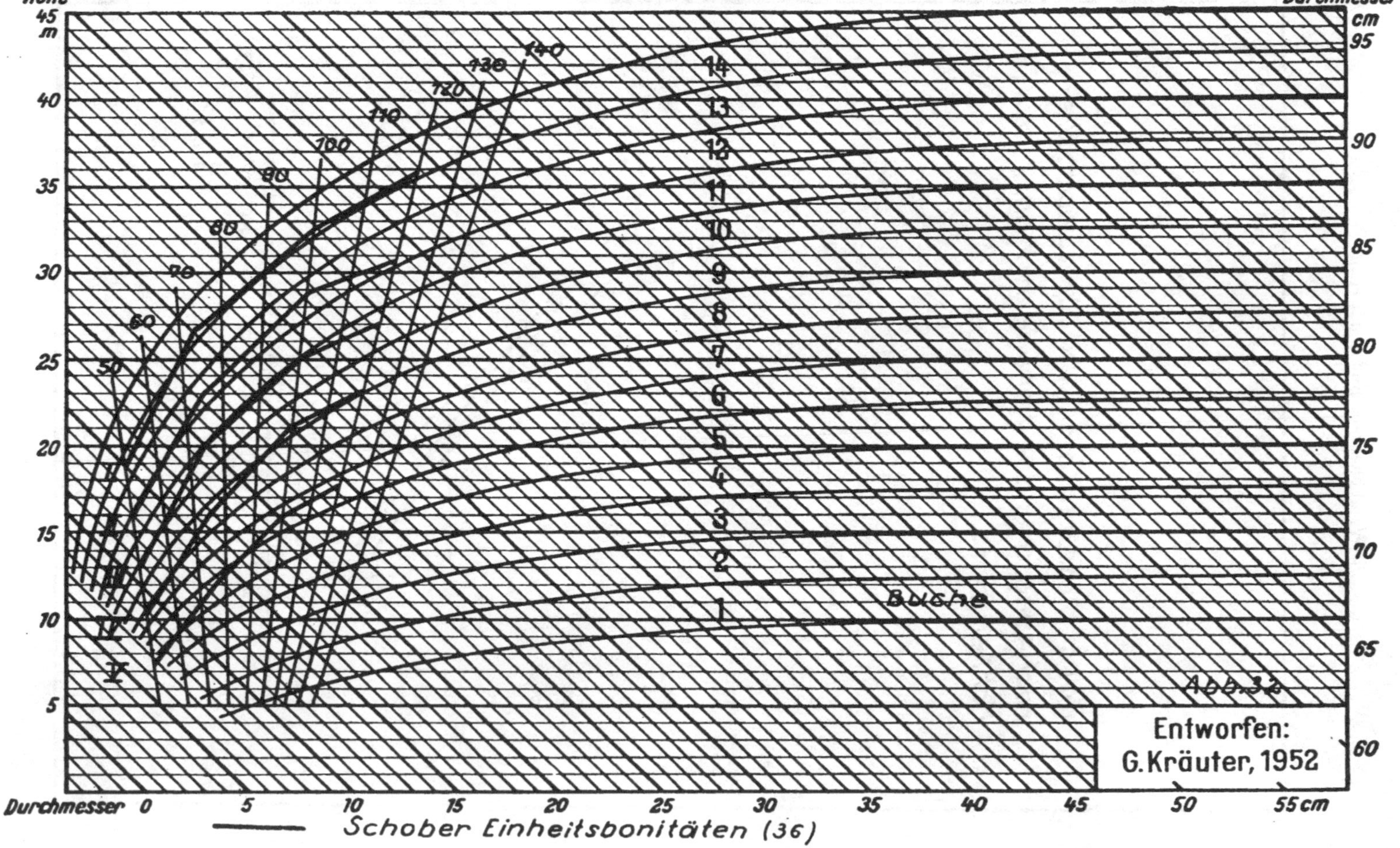

Waldhöhentarif

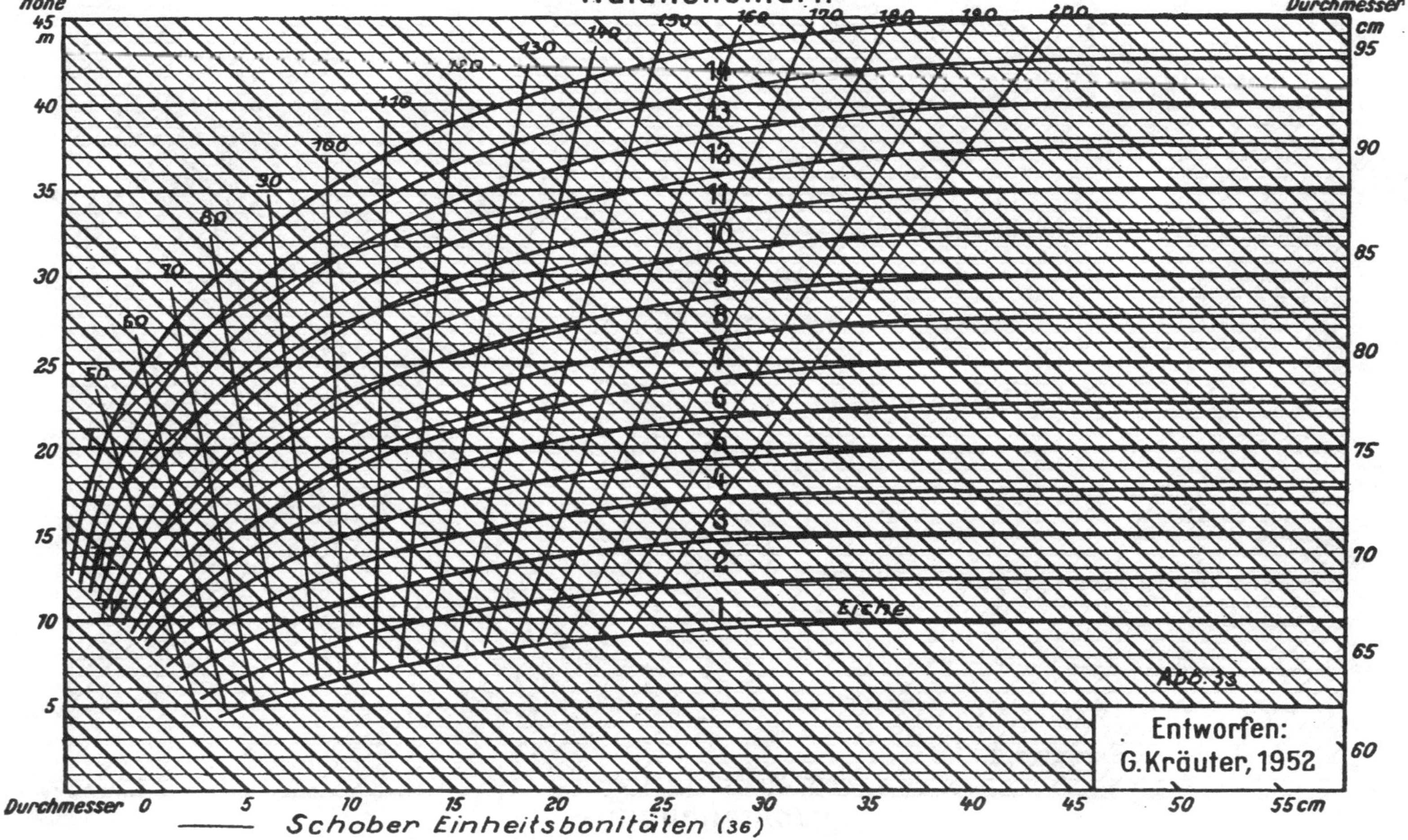

Waldhöhentarif

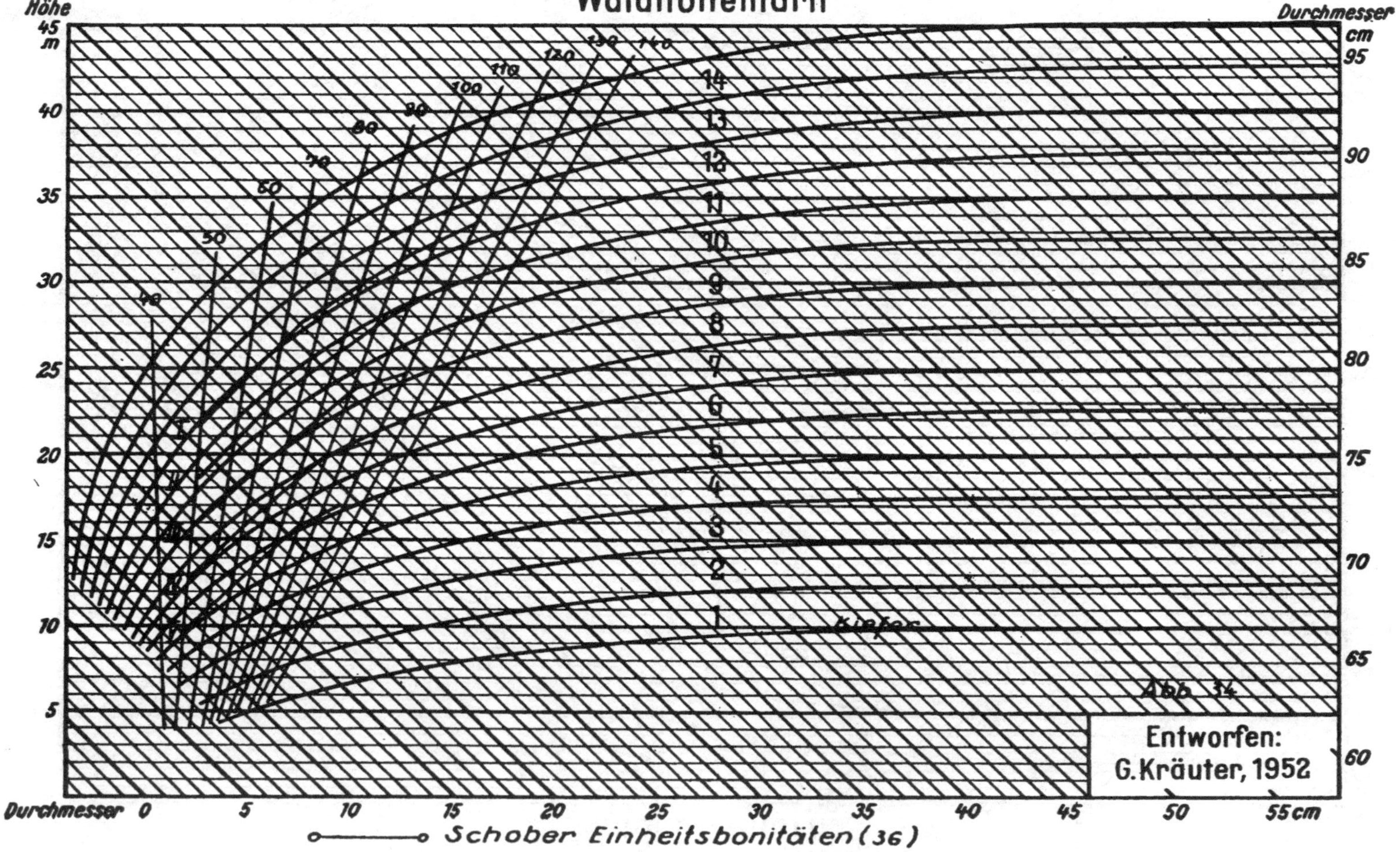

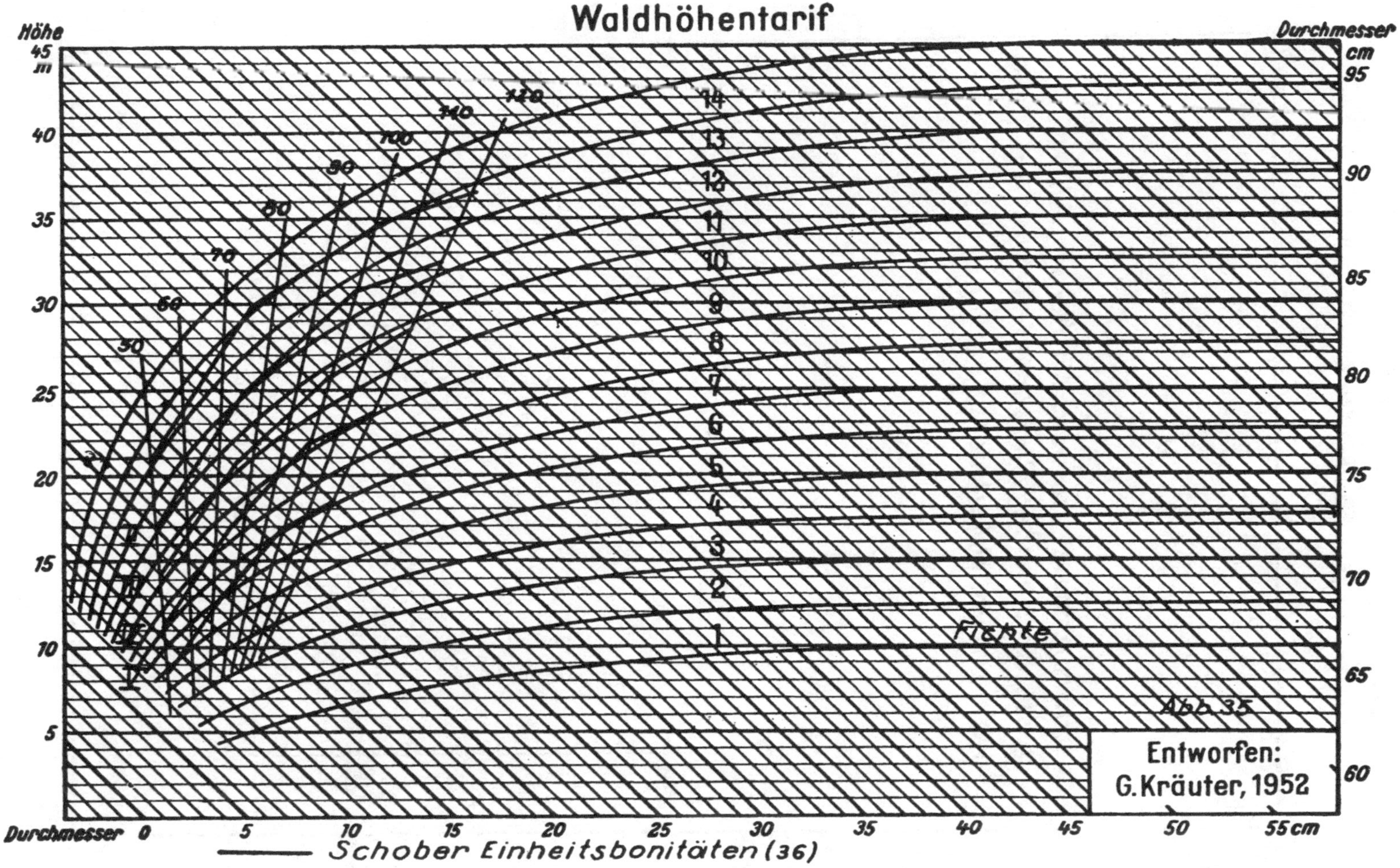

Waldhöhentarif
Höhe
45 m
40
35
30
25
20
15
10
5
Durchmesser
cm
95
90
85
80
75
70
65
60
50
60
70
80
90
100
110
120
14
13
12
11
10
9
8
7
6
5
4
3
2
1
Fichte
Abb. 35
Entworfen:
G. Kräuter, 1952
Durchmesser 0
5
10
15
20
25
30
35
40
45
50
55 cm
Schober Einheitsbonitäten (36)

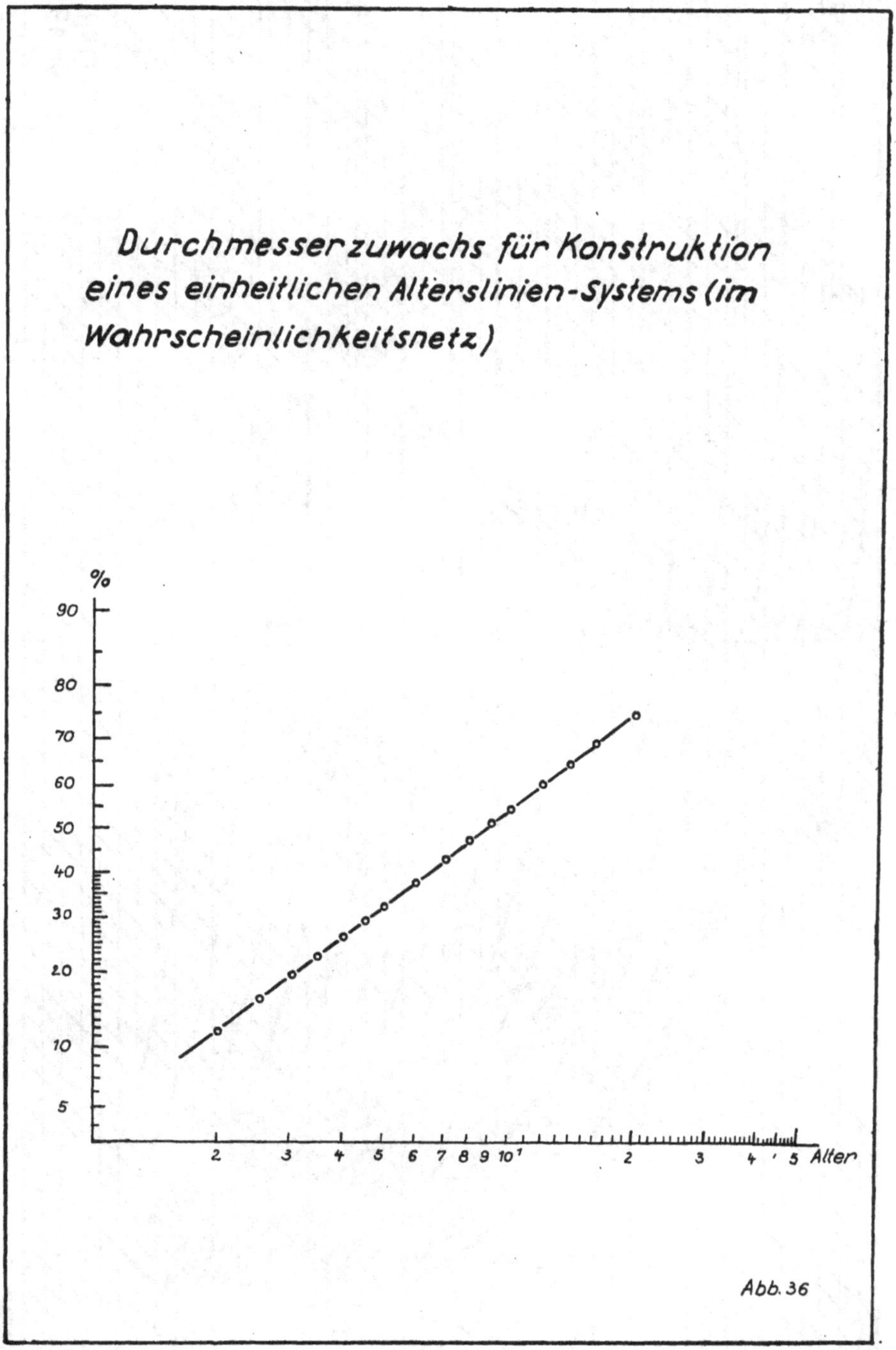
Durchmesserzuwachs für Konstruktion eines einheitlichen Alterslinien-Systems (im Wahrscheinlichkeitsnetz)
%
90
80
70
60
50
40
30
20
10
5
2 3 4 5 6 7 8 9 10¹ 2 3 4 5 Alter

Abb. 36

Waldhöhentarif

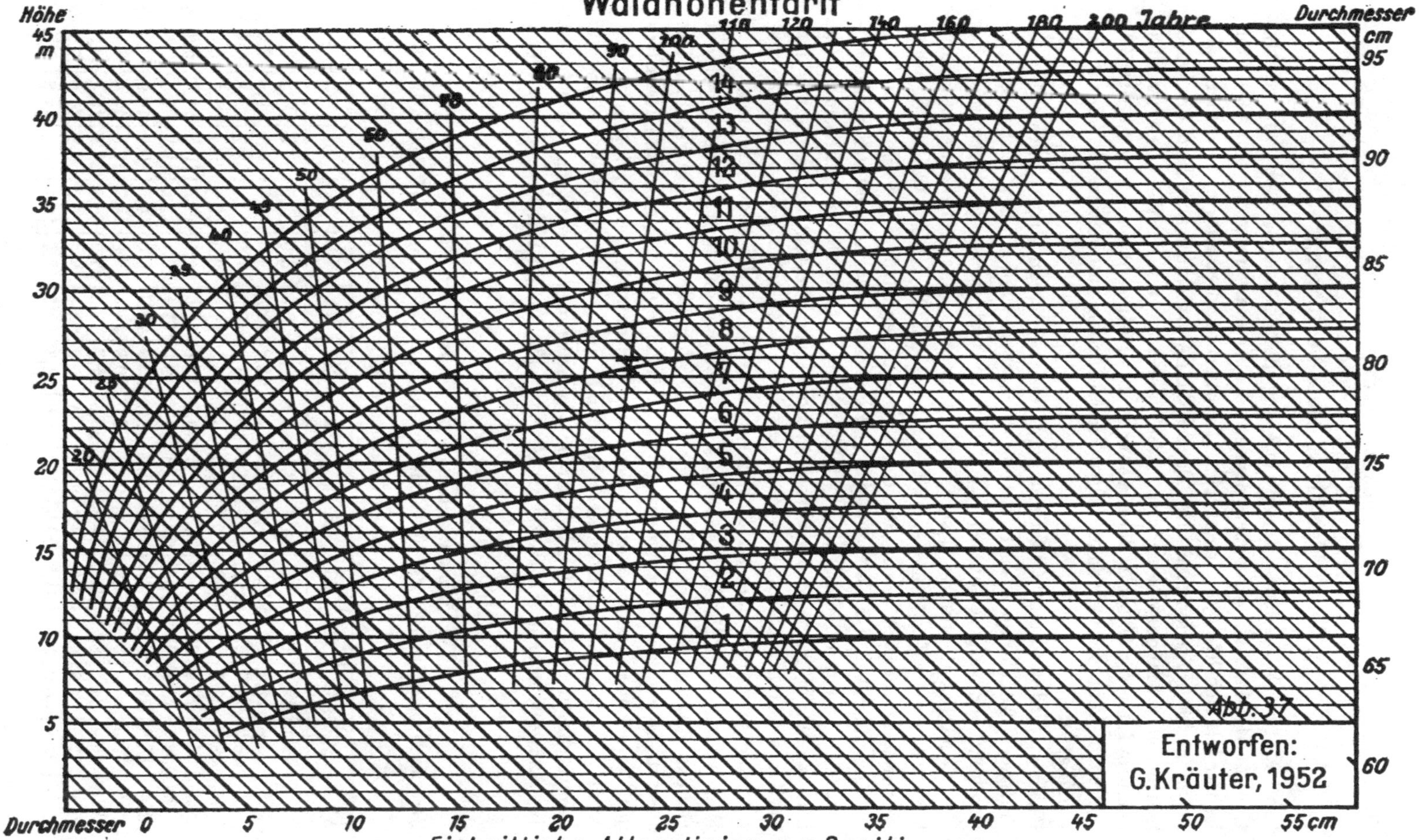

Einheitliche Alterslinien zur Bonitierung

c) Vorschläge für absolute Bonitierung

Eine weitere Möglichkeit der Bonitierung besteht darin, nicht die relative Bonität als Maßstab anzugeben, sondern die Höhe in einem bestimmten Alter. Es handelt sich hier um eine absolute Bonitierung, die meistens nach der Höhe im Jahre 100 vorgenommen wird. Da sich die Bonitätskurven im Netz des Waldhöhentarifes recht gut wiedergeben lassen, kann man zum Beispiel von einer Höhe in einem Alter von 60 bis 70 Jahren ohne großes Risiko auf eine Höhe im Alter 100 schließen, wenn die verwendete Ertragstafel für das zu bonitierende Objekt anwendbar ist.

Unsicher wird die Bonitätsbestimmung immer, wenn von jüngeren etwa 20—30-jährigen Bestockungen solche Schlüsse gezogen werden. Bei taktvoller Anwendung der aufgezeichneten Möglichkeiten und sinnvoller Ermittlung der Unterlagen (nicht zu junge Bestockungen verwenden, nicht überschirmte Bäume benutzen, sichere Einstufung erst 30—40 Jahre nach Freistand (WECK (53)) wird es durchaus möglich sein, gute Ergebnisse zu erzielen, die Schlüsse auf die Leistungsfähigkeit der Bestockungen und im Zusammenhang mit der Standortserkundung auch auf die Leistungsfähigkeit der Standorte zu ziehen erlauben. Eine weitere Möglichkeit der absoluten Bonitierung besteht darin, die aus dem Tarif abgeleiteten Zuwachswerte als absoluten Maßstab zu benutzen. Die Beschreibung der Ableitung der Zuwachswerte erfolgt im folgenden Kapitel.

Hier ist nur noch die Möglichkeit der Anwendung der Systeme der absoluten Höhenbonität im Zusammenhang mit dem Waldhöhentarif zu untersuchen. Die absolute Höhenbonität ist wie die relative Höhenbonität nur mit Hilfe des Alters der Bestockungen zu bestimmen. Auch zur Bestimmung der absoluten Bonität ist also ein Altersliniensystem erforderlich. In dieses Altersliniensystem sind die Bonitätslinien der absoluten Höhenbonität einzutragen. Je nach der Methode gilt das Alter 100 oder das Alter 60 als Bezugsgröße für die Höhe der Bestockung.

TABELLE 20

Absolute Höhenbonitäten im Jahre 100

Errechnet nach Ertragstafel für Kiefer mäßige Durchforstung WIEDEMANN 1943.

Absolute Höhenbonitäten (in Metern)

Alter	34	32	30	28	26	24	22	20	18	16	14	12	10	8
40	19,1	17,9	16,8	15,7	14,2	13,1	12,1	10,5	9,5	8,0	7,0	5,2	4,3	3,2
50	23,0	21,6	20,2	18,9	17,0	15,7	14,3	12,8	11,5	9,8	8,6	6,7	5,6	4,4
60	26,2	24,7	23,1	21,6	19,5	18,0	16,5	14,8	13,3	11,5	10,1	8,2	6,8	5,5
70	28,8	27,1	25,4	23,7	21,6	19,9	18,3	16,4	14,8	13,0	11,4	9,4	7,8	6,3
80	30,8	29,0	27,2	25,4	23,3	21,5	19,7	17,8	16,0	14,1	12,3	10,5	8,7	6,9
90	32,5	30,6	28,7	26,8	24,7	22,8	20,9	19,0	17,1	15,1	13,2	11,3	9,4	7,5
100	34,0	32,0	30,0	28,0	26,0	24,0	22,0	20,0	18,0	16,0	14,0	12,0	10,0	8,0
110	35,3	33,2	31,2	29,1	27,1	25,0	23,0	20,9	18,8	16,8	14,7	12,5	10,4	8,4
120	36,4	34,3	32,1	30,0	27,9	25,8	23,6	21,7	19,5	17,5	15,3	12,9	10,7	8,8
130	37,5	35,3	33,1	30,9	28,8	26,6	24,4	22,3	20,1	18,0	15,8	13,2	11,0	9,1
140	38,2	36,0	33,7	31,5	29,5	27,2	25,0	22,8	20,5	18,4	16,1	13,6	11,3	9,3

Waldhöhentarif

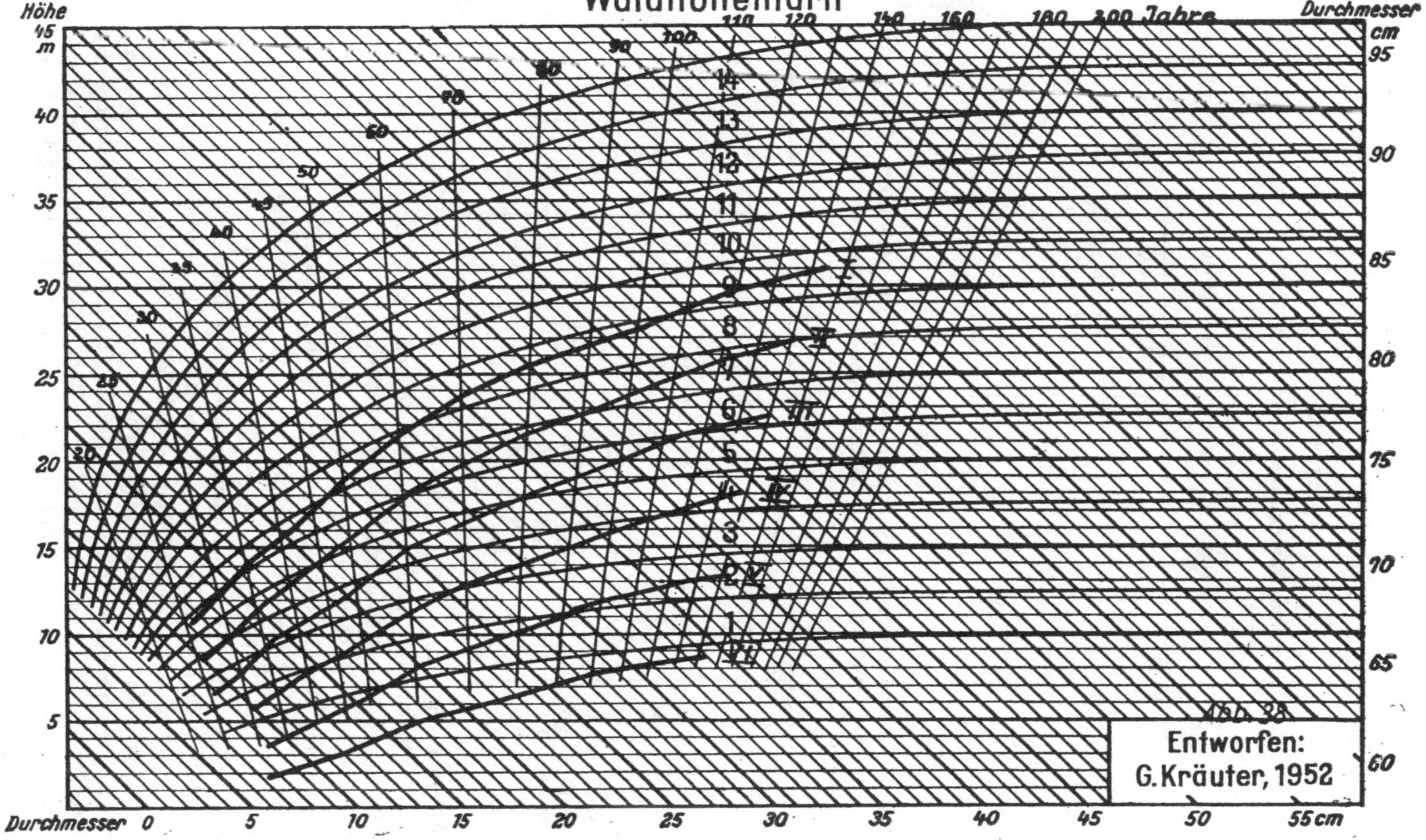

Bonitäten der Kiefernertragstafel 1943 (mäß. Durchforstung)

TABELLE 21

Allgemeines Höhenklassen-Schema nach OSTWALD (31)

Höhenklasse	Bestandes-mittelhöhe im Alter 60	Grenzwerte
I	3	1,5— 4,5
II	6	4,6— 7,5
III	9	7,6—10,5
IV	12	10,6—13,5
V	15	13,6—16,5
VI	18	16,6—19,5
VII	21	19,6—22,5
usw.		usw.

TABELLE 22

Absolute Höhenbonitäten für Kiefer nach OSTWALD (31) nach Kiefern-Ertragstafel WIEDEMANN 1943, mäßige Durchforstung (Oberwerte)

Alter	Höhenklassen im 60. Jahre							
	I	II	III	IV	V	VI	VII	VIII
40	2,6	4,3	6,7	9,3	11,8	14,2	16,1	18,2
50	3,7	6,1	8,1	11,5	14,3	17,0	19,7	22,3
60	4,5	7,5	10,5	13,5	16,5	19,5	22,5	25,5
70	5,2	8,6	12,1	15,2	18,4	21,5	24,7	28,0
80	5,7	9,5	13,5	16,6	19,9	23,3	26,5	30,0
90	6,2	10,3	14,6	17,8	21,2	24,7	27,9	31,6
100	6,5	10,9	15,4	18,8	22,3	26,0	29,2	33,1
110	6,8	11,4	16,1	19,7	23,3	27,0	30,3	34,3
120	7,2	12,0	16,5	20,5	24,2	27,9	31,3	35,5
130	7,4	12,4	17,0	21,1	24,9	28,8	32,2	36,5
140	7,6	12,6	17,5	21,6	25,4	29,4	32,8	37,2

Während allgemein das Alter 100 zugrunde gelegt wird, will OSTWALD (31) die Bonitierung auf das Alter 60 Jahre aufbauen. OSTWALD will auch weiter 3 m-Klassen der absoluten Höhenbonität aufstellen.

Vom Verfasser wurde für beide Methoden (Abb. 39, 40) je ein Graphikon für die absolute Höhenbonitierung der Kiefer aufgestellt. Allen Berechnungen wurde die WIEDEMANNsche Ertragstafel für Kiefer 1943 mäßige Durchforstung zugrunde gelegt (Tab. 20, 21, 22).

Die Bestimmung der absoluten Höhenbonität erfolgt ähnlich wie die der relativen Bonität. Ist der mittlere Tarif der Bestockung bekannt, der zentrale Durchmesser errechnet, so ergibt sich als Mittelwert des Tarifes über dem zentralen Durchmesser ein Höhenwert. Die durch diesen Höhenwert verlaufende waagerechte Höhenlinie schneidet alle Alterslinien. Der Schnittpunkt mit der entsprechenden Alterslinie der Bestockung gibt die absolute Höhenbonität an, die auf der rechten Seite des Diagrammes abzulesen ist. Die Höhenbonität kann einmal in Metern

Waldhöhentarif

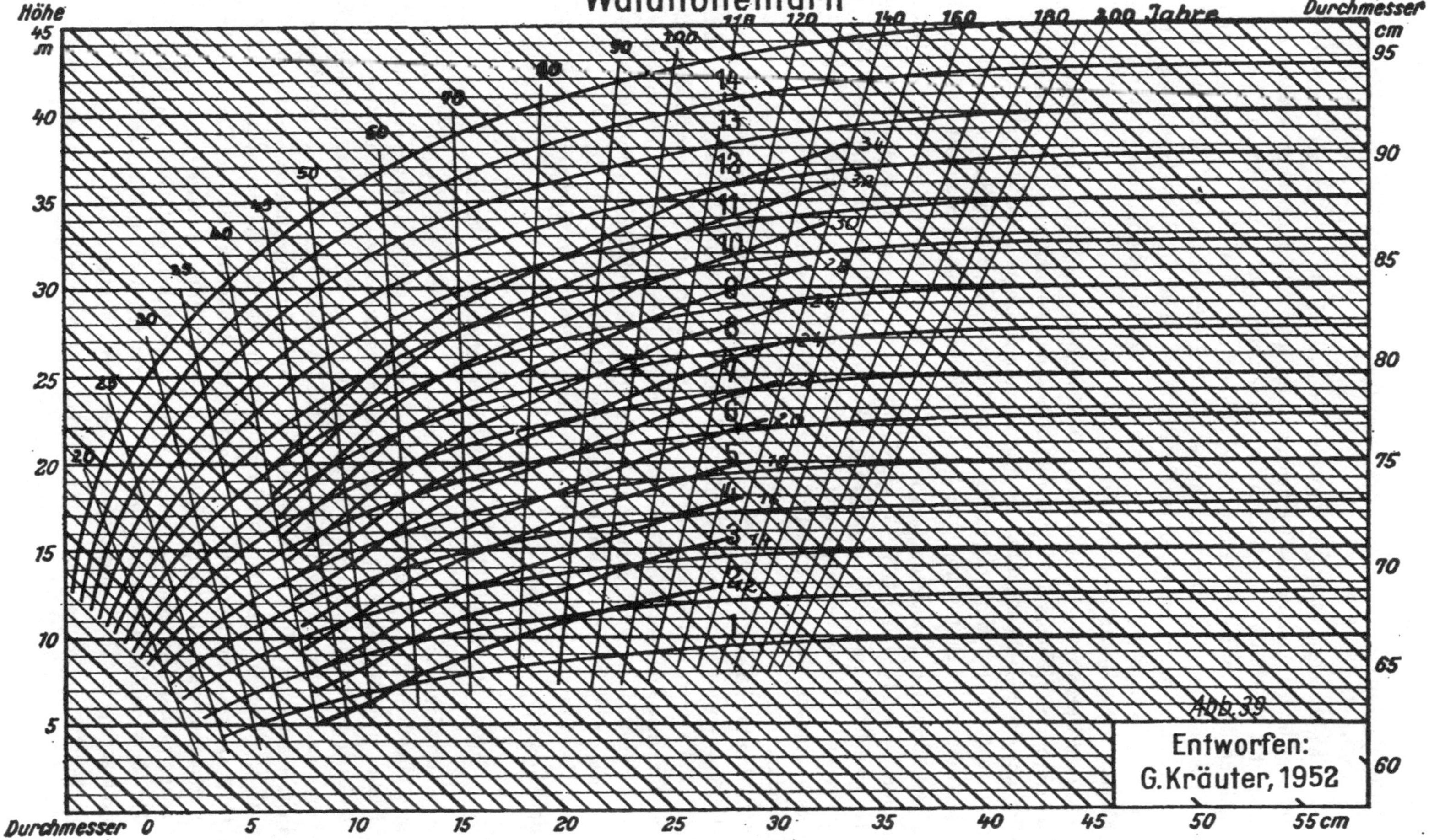

Absolute Höhenbonitäten für Ki (100) nach Wiedemann Ertragstafel 1943

der Höhe im Jahre 100 abgelesen werden, oder nach OSTWALD als eine Stufe der absoluten Höhenbonität (bezogen auf das Alter 60), die es ohne weiteres ermöglicht, die absolute Höhe im Alter von 60 Jahren zu errechnen. Zur Berechnung des Mittelwertes im Alter von 60 Jahren wird die Stufenbezeichnung I, II, III usw. nur mit drei, dem Stufenintervall, multipliziert. So hat die Stufe I bei einem Alter von 60 Jahren einen Mittelwert von 3 m, die Stufe II von 6 m, die Stufe VII von 21 m. Es ist also trotz der Stufeneinteilung ohne weiteres die absolute Höhe im Alter von 60 Jahren ablesbar.

Aus dem Dargelegten ergibt sich, daß der Waldhöhentarif auch eine Einführung der absoluten Höhenbonität ermöglicht. Er kann dazu beitragen, die Anwendung der absoluten Höhenbonität der Praxis näherzubringen und ermöglicht dann vielleicht mit den Ergebnissen der Standortserkundung, kombiniert neben der Bonitierung der Bestockung, auch eine Bonitierung unserer Standorte.

Eines ähnlichen Bonitierungssystems bedienen sich die Forstleute der Sowjetunion. Von TRETJAKOW (42) wurde die Gliederung der Bonitätsklassen für Kernwuchsbestände bekanntgegeben. Auch in anderen holzmeßkundlichen Büchern ist dieses System angeführt. Neben der Einteilung der Kernwuchsbestände nach Bonitätsklassen ist eine zweite für Ausschlagbestockung in Anwendung.

Die Bonitätsklassen stellen einen Höhenrahmen mit absoluten Höhenwerten dar und werden gleichsinnig für alle Holzarten angewendet. Ein Eichenbestand von 100 Jahren und einer Höhe von 25 m hat die Bonität II, dieselbe Bonität gilt für einen Fichtenbestand gleichen Alters und gleicher Höhe. Die Entwicklung der Bonitätslinien ist also eine durchschnittliche und läßt keinen Schluß auf die bisherige oder kommende Entwicklung der Holzart zu. Durch ein solches einheitliches System wird nur der zur Aufnahme gegebene Zustand der Bestockung dargestellt (Tab. 23, Abb. 41).

d) Waldhöhentarif und Plenterwaldbonitierung

Alle bisherigen Bonitierungssysteme benutzen das Alter der Bestockungen, um ihre Mittelhöhenwerte zu ordnen. Diese Bonitätssysteme sind vorwiegend auf gleichaltrige Bestockungen bekannten Alters anwendbar. Ungleichaltrige Bestockungen erfordern einen anderen Maßstab für die Ertragsklassenbildung. Von verschiedenen Verfassern (FLURY, WECK, PRODAN (a. a. O.)) wurde der Faktor Alter, also die Zeit in der Abszisse, durch den Durchmesser ersetzt. Vorschläge dieser Art wurden von FLURY für den Plenterwald gemacht. FLURY (11) geht bei seinem Vorschlag von dem Grundgedanken aus, daß der Plenterwald in seinen höheren Durchmesserstufen konstante Höhen aufweist. Zur Bonitierung werden demzufolge auch nur höhere Stärkestufen zugelassen. FLURY (11) sieht für diese Zwecke die Stufen von 38 cm aufwärts als brauchbar an, während er die geringeren Durchmesserstufen für zu wenig konstant ansieht.

Das Bonitierungsdiagramm für Plenterwälder nach dem Vorschlag von FLURY ist in Tab. 24, Abb. 42 wiedergegeben.

Waldhöhentarif

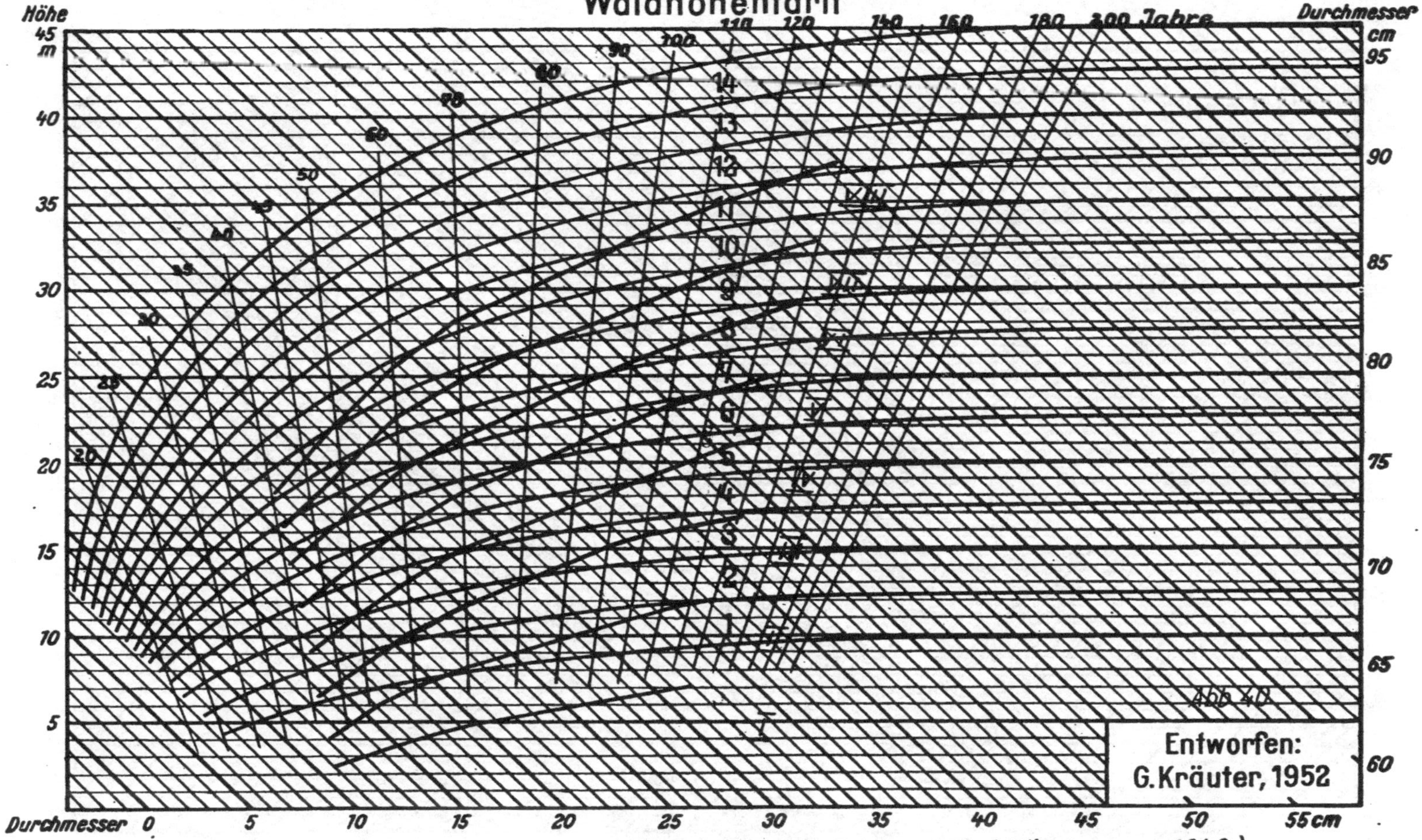

Absolute Höhenbonität für Ki nach Ostwald (nach Ki Ertragstafel Wiedemann 1943)

Waldhöhentarif

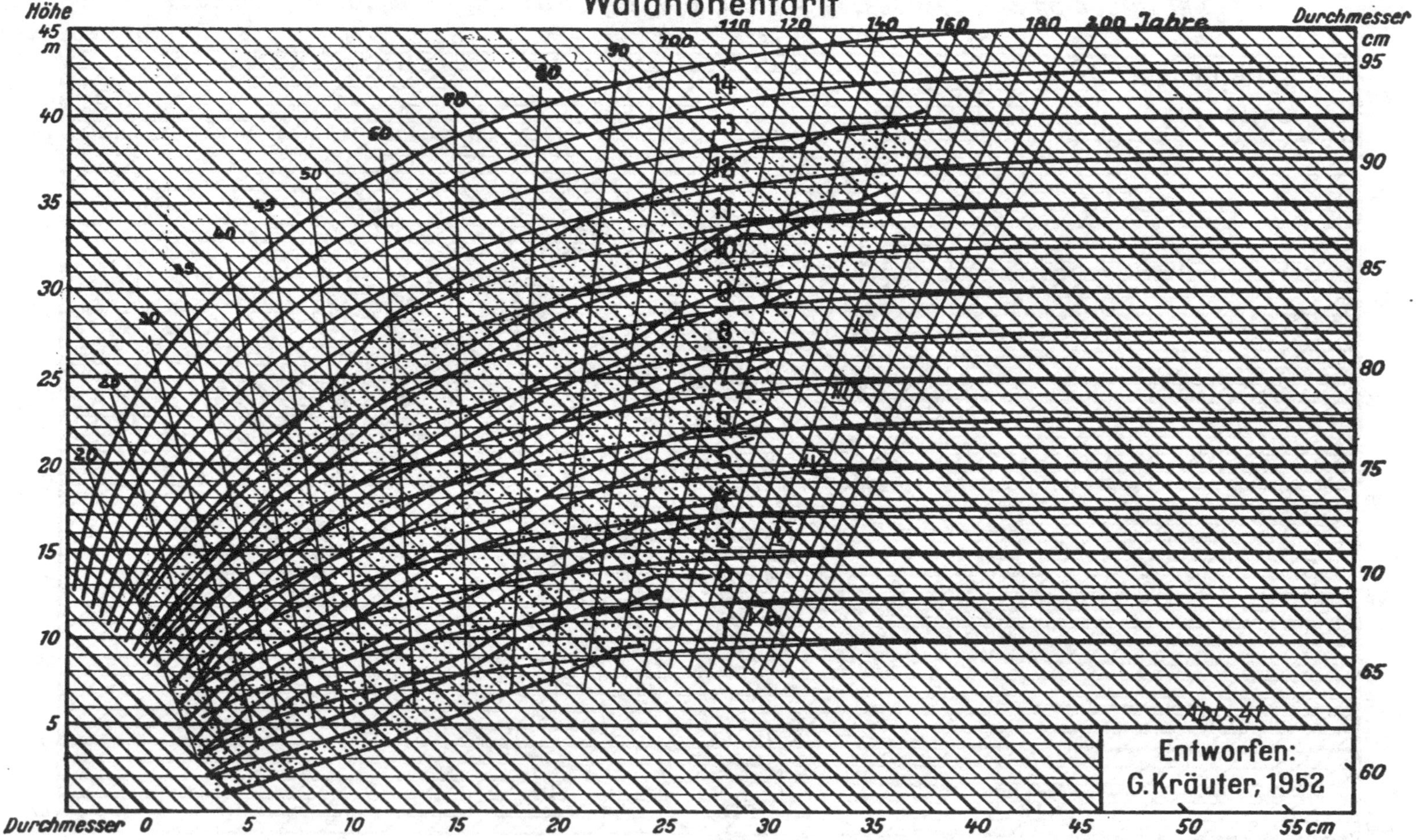

Gliederung der Kernwuchsbestände in Bonitätsklassen, nach Tretjakow (41)

Waldhöhentarif

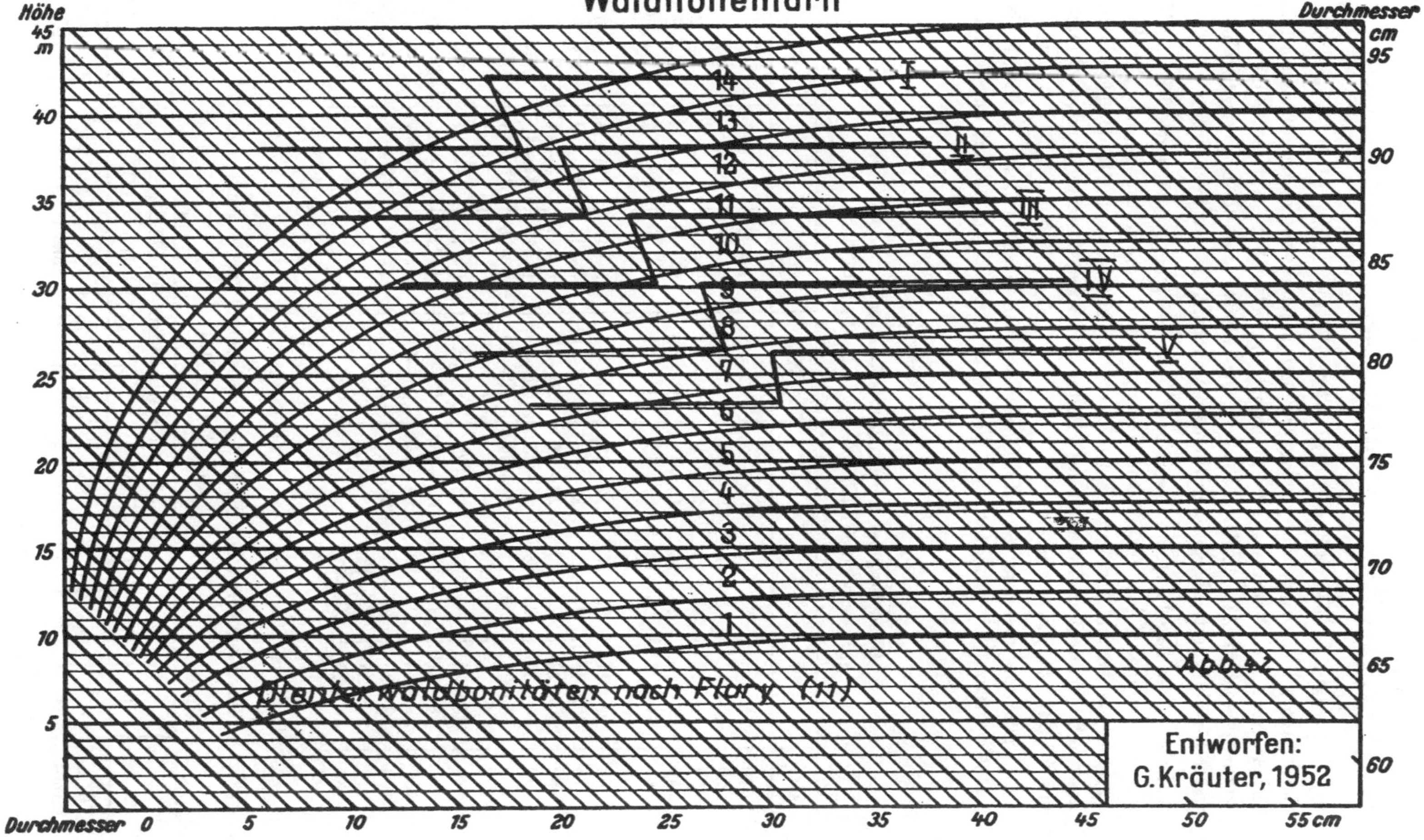

Im Gegensatz zu FLURY will PRODAN (33) für seinen Plenterwald-Bonitierungsvorschlag auch die geringeren Durchmesserstufen heranziehen. Die Arbeit über die Plenterwald-Bonitierung von PRODAN war notwendig geworden, nachdem ZIMMERLE (57) festgestellt hatte, daß die Schweizer Höhenwerte für die württembergischen Plenterversuchsflächen zu hoch liegen.

Auf Grund der Ergebnisse der badischen Versuchsflächen konstruierte PRODAN (33) allgemeine Höhenkurven und zog diese zur Bonitierung heran. Die Benutzung der Höhenkurve zur Ertragsklassenbildung ist nach PRODAN bei den konstanten Höhenverhältnissen des Plenterwaldes gerechtfertigt und wird auch von FLURY (11) beschrieben.

Die Anwendungsbereiche der PRODANschen Bonitäten werden von PRODAN selbst begrenzt. Er vermutet, daß diese Bonitäten für ein Gebiet angewendet

TABELLE 23

Gliederung der Kernwuchsbestände in Bonitätsklassen
(„Handbuch des Taxators" von N. W. TRETJAKOW).

Alter	Ia	I	II	III	IV	V	Va
10	6—5	5—6	4—3	3—2	2—1	—	—
20	12—10	9—8	7—6	6—5	4—3	2	1
30	16—14	13—12	11—10	9—8	7—6	5—4	3—2
40	20—18	17—15	14—13	12—10	9—8	7—5	4—3
50	24—21	20—18	17—15	14—12	11—9	8—6	5—4
60	28—24	23—20	19—17	16—14	13—11	10—8	7—5
70	30—26	25—22	21—19	18—16	15—12	11—9	8—6
80	32—28	27—24	23—21	20—17	16—14	13—11	10—7
90	34—30	29—26	25—23	22—19	18—15	14—12	11—8
100	35—31	30—27	26—24	23—20	19—16	15—13	12—9
110	36—32	31—29	28—25	24—21	20—17	16—13	12—10
120	38—34	33—30	29—26	25—22	21—18	17—14	13—10
130	38—34	33—30	29—26	25—22	21—18	17—14	—
140	39—35	34—31	30—27	26—23	22—19	18—14	—
150	39—35	34—31					
160	40—36	35—31					

TABELLE 24

Bonitätsweiser (Mittelhöhe) für Fichten- und Tannenplenterwald
(nach FLURY (11)).

	38—50 cm Stärkestufen					52—70 cm				
	I	II	III	IV	V	I	II	III	IV	V
Fichte	38	34	30	26	23	42	38	34	30	26
Tanne	36	32	28	24	21	40	36	32	28	24

Waldhöhentarif

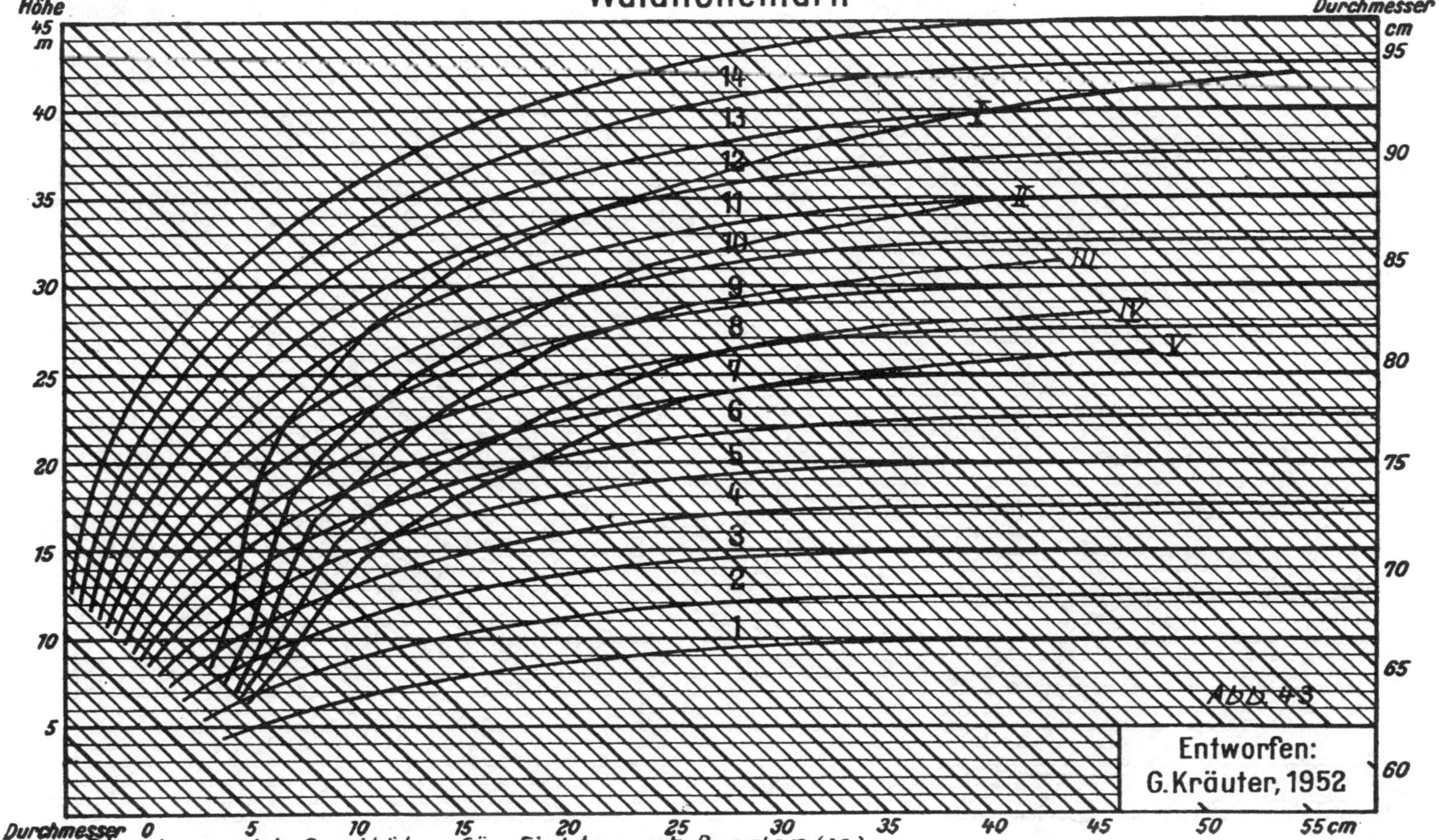

Plenterwald-Bonitäten für Fichte nach Prodan (32)

Waldhöhentarif

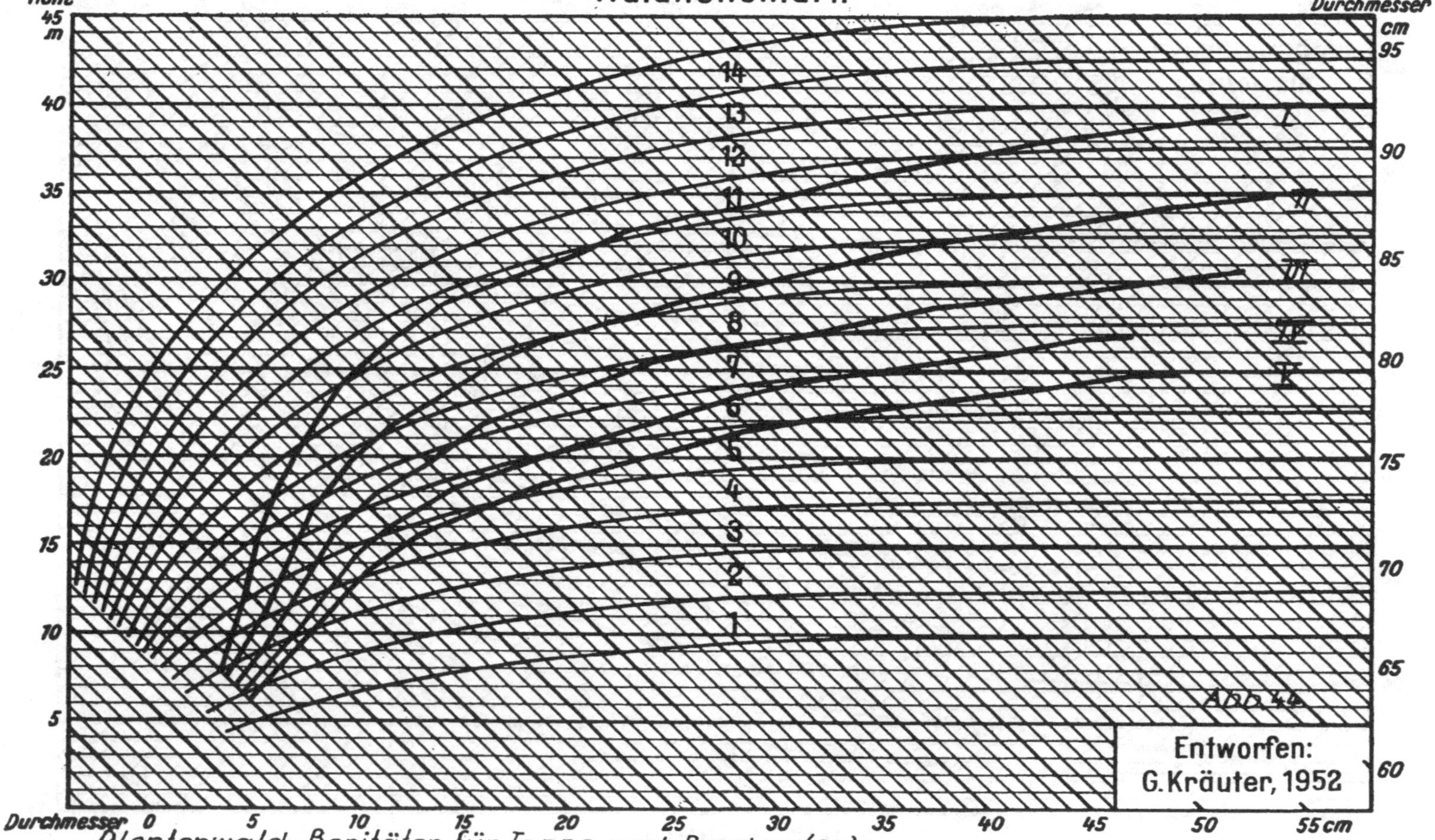

Plenterwald-Bonitäten für Tanne nach Prodan (32)

TABELLE 25

Plenterwaldbonitäten nach PRODAN (33)

Aus „Schriftenreihe der Badischen forstlichen Versuchsanstalt“ 1949, Heft 7.

Dm 1,3	Fichte Höhe in m					Tanne Höhe in m				
	I	II	III	IV	V	I	II	III	IV	V
10	8,2	7,5	7,0	6,5	6,1	7,8	7,3	6,8	6,4	6,1
14	11,9	10,9	10,0	9,4	8,7	11,4	10,4	9,7	9,0	8,5
18	15,7	14,4	13,2	12,3	11,5	15,1	13,7	12,6	11,7	11,0
22	19,5	17,8	16,3	15,1	14,1	18,5	16,8	15,4	14,3	13,4
26	22,5	20,6	18,7	17,4	16,2	21,7	19,4	17,7	16,3	15,2
30	25,0	22,8	21,0	19,3	18,0	24,3	21,6	19,7	18,1	16,8
34	27,4	24,8	23,0	21,0	19,6	26,4	23,3	21,4	19,6	18,2
38	29,4	26,5	24,7	22,0	21,0	28,2	25,2	22,9	20,8	19,3
42	31,3	28,2	26,3	23,9	22,3	29,8	26,5	24,1	21,9	20,3
46	32,9	29,7	27,5	25,2	23,5	31,2	27,8	25,2	22,9	21,2
50	34,1	31,0	28,5	26,3	24,3	32,4	28,8	26,1	23,9	21,9
54	35,3	32,0	29,3	27,0	24,9	33,4	29,8	26,9	24,6	22,6
58	36,4	32,8	29,9	27,5	25,3	34,4	30,6	27,7	25,3	23,1
62	37,3	33,5	30,4	27,9	25,7	35,3	31,5	28,3	25,9	23,7
66	38,2	34,1	30,9	28,1	25,9	36,2	32,2	28,9	26,4	24,3
70	39,0	34,7	31,2	28,3	26,1	37,0	32,9	29,5	26,9	24,7
74	39,7					37,8	33,6	30,0		
78	40,4					38,4	34,1	30,4		
82	41,0					39,0	34,6			
86	41,6					39,5				
90	42,2									

werden können, welches sich von den Vogesen über den Schwarzwald, die Alpen bis zu den Karpathen erstrecken würde, wobei die Werte der V. Höhenkurve noch unterschritten werden können (33).

PRODAN benutzt diese Höhenkurve ferner zur Konstruktion von Massentarifen für Fichte und Tanne. Die Bonitätskurven sind in Tab. 25, Abb. 43 und 44 dargestellt.

Viel einfacher als die Bonitätslinien der Ertragstafeln, die Altersangaben erfordern, ist die Darstellung der Plenterwaldbonitätslinien, die lediglich als Höhenentwicklungen über dem Durchmesser aufzufassen sind.

Für beide Waldaufbauformen können die bekannten Bonitierungsschablonen in das Höhentarifdiagramm eingezeichnet und für Bonitierungszwecke benutzt werden.

6. ZUWACHSBERECHNUNG MIT HILFE DES WALDHÖHENTARIFES

a) Allgemeines

Zur Errechnung der Massen einer Holzbestockung nach dem Waldhöhentarifverfahren ist die Bestimmung des mittleren Waldhöhentarifes erforderlich. Der Höhentarif wird holzartenweise getrennt festgestellt, während die Massenberechnungen nach den Massentarifen der Holzarten bzw. der Holzartengruppen vorgenommen werden. Mit dem so ermittelten Höhentarif und den Massentarifen der Holzartengruppen ist auch bei der Entwicklung eines Verfahrens der Zuwachsermittlung zu rechnen.

Bei der Durchführung der Arbeiten kam es darauf an, die Vorteile, die sich durch Anwendung des Waldhöhentarifes ergeben, auszunutzen und die Zuwachswerte zu diesem Tarif in Verbindung zu bringen. Das Ziel war dann weiter, eine Möglichkeit zu schaffen, nach stärkestufenweisen und nach Holzarten getrennten Holzvorratsaufnahmen auch stärkestufen-holzartenweise getrennte Zuwachswerte zu ermitteln.

Da die Zuwachswerte ohnehin nur durchschnittlich sein können, also nicht den Zuwachs des Einzelstammes genau wiedergeben, wurden die Massentarife der Holzartengruppen zugrunde gelegt und jeweils 2 Höhentarife zu einer Zuwachsstufe zusammengefaßt:

1	und	2	zur	Zuwachsstufe	A
3	,,	4	,,	,,	B
5	,,	6	,,	,,	C
7	,,	8	,,	,,	D
9	,,	10	,,	,,	E
11	,,	12	,,	,,	F
13	,,	14	,,	,,	G

Weiter ist für die Zuwachsuntersuchungen die Frage nach der Art der Höhentarifkurven wichtig. Stellen die Kurven einfache starre Höhenkurven dar oder sind es Wachstumskurven?

Zunächst kann gesagt werden, daß es sich nicht um reine Wachstumskurven handeln kann, da Wachstumskurven über der Zeit als Abszisse aufgetragen werden. In der Abszisse ist aber im Waldhöhentarif-Diagramm nicht die Zeit, sondern der Durchmesser angegeben. Als durchschnittliche Höhenkurven (Höhe über Durchmesser) wird man die Kurven ohne weiteres anerkennen können.

Aus der Konstruktion des Höhentarifes — wie in Kap. 4 beschrieben — ist zu ersehen, daß Höhen- und Durchmesserentwicklung aus der Ertragstafel als Mittelwerte errechnet wurden. Dabei wurde das zunächst für die Darstellung der durchschnittlichen Höhenentwicklung notwendige Alter durch die entsprechenden Durchmesserangaben ersetzt (Eikurven = Höhenzuwachs über Durchmesserzuwachs aufgetragen). Die Höhentarife sind damit als schematisierte Höhenentwicklungskurven aufzufassen. Es ist anzunehmen, daß sich die Höhe eines Bestandes vom mittleren Alter an innerhalb eines Planungszeitraumes nicht so grundsätzlich verändert, daß sie den Tarifrahmen überschreitet, und sich damit die Massenkurve derartig verlagert, daß die Größen der Massendifferenzen entscheidend verändert werden.

Es muß also bei der Anwendung von Tarifen zur Zuwachsberechnung unterstellt werden, daß der Holzbestand sich etwa im Rahmen des ermittelten Tarifs entwickelt. Gleiches unterstellt auch KRENN, der ebenfalls seinen Tarif aus Ertragstafeln ableitete (16). Man kann also annehmen, daß Teilstücke dieser Kurven als genäherte Entwicklungslinien anzusehen sind. Diese Annahme ist nicht ohne weiteres berechtigt, wenn der Höhentarif lediglich aus Höhenkurven — das sind Zustandskurven — entstanden ist. Für die Massenberechnung ist die Form der Höhentarife von untergeordneter Bedeutung, wenn die Mittelhöhe richtig erfaßt ist.

Für die Zuwachsermittlung ist aber die Form der Höhentarife wichtig, da sie möglichst den durchschnittlichen Entwicklungslinien von Höhe und Durchmesser nahe kommen soll.

Für den Waldhöhentarif scheint es somit berechtigt zu sein, den Tarifverlauf für Etappen von etwa 10 Jahren als durchschnittlichen Entwicklungsgang des Verhältnisses $h : d$ anzusehen.

b) Ableitung der Zuwachswerte mit Hilfe durchschnittlicher Durchmesserwerte

Zur Kontrolle wurde das durchschnittliche Verhältnis $h : d$ des Tarifes mit den Originalwerten $h : d$ der Holzarten aus den Ertragstafeln verglichen. Es ergab sich infolge des geringen Ausgleiches eine verhältnismäßig gute Übereinstimmung zwischen den $h : d$-Werten der Bonitäten und denen des Tarifes (siehe auch Abschnitt über „Waldhöhentarif und Bonitierung") (Abb. 45).

Nachdem die etwa den Bonitäten entsprechenden Zuwachsstufen festlagen, mußten auf deren Mittellinien die Alter festgelegt werden. Die Alter wiederum lagen von der Konstruktion des Tarifes her vor und konnten übernommen werden.

Nach Festlegen der Alter auf den einzelnen Mittellinien der Zuwachsstufen (A, B, C, D, E, F, G) wurden die entsprechenden Durchmesser auf der Abszisse abgelesen.

Es entspricht also ein bestimmtes Alter einem bestimmten Durchmesser. Die Durchmesserwerte werden in die Differenzen der Durchmesser zwischen den Altern aufgelöst und diese graphisch dargestellt und ausgeglichen. Einseitige Fehler konnten so vermieden werden. Diese Differenzen wurden wieder zu Summen zusammengefaßt. Zur Bestimmung der Einzelstamm-Massen für die jeweiligen Durchmesser wurden die Massenkurven herangezogen. Die Massenkurven stellen den Verlauf der Einzelstamm-Massen über den Durchmesser dar. Die für die Durchmesser aus den Massenkurven abgelesenen Einzelstamm-Massen wurden ebenfalls auf die Differenzen hin überprüft, graphisch dargestellt und ausgeglichen. Diese Differenzen sind somit die Massenzuwüchse des Einzelstammes zwischen zwei verschiedenen Durchmessern in einer Zeitspanne von 10 Jahren. Diese Zuwachswerte sind, wie beim Tarif nach den Gruppen Nadel- und Laubholz aufgestellt, als grobe Durchschnittswerte anzusehen. Diese Art der Ableitung hat jedoch verschiedene Mängel:

1. Während der Höhenzuwachs durch den Verlauf des Tarifes gegeben wird, wird der Rhythmus der Durchmesserentwicklung einheitlich für alle Holzarten festgelegt, während er in Wirklichkeit verschieden ist.

2. Neben dem Rhythmus der Durchmesserentwicklung wird auch eine einheitliche Wuchsleistung unterstellt, das heißt, für alle Holarzten bei gleichem Alter ein gleicher Durchmesser festgelegt. Auch dieses trifft in der Natur nicht zu.

Es wird also bei dem oben angeführten Verfahren mit einheitlichem Höhen- und Durchmesserzuwachs für alle Holzarten gerechnet. Der Formzuwachs ist nach der Holzartengruppe verschieden, und wird durch die Formveränderung innerhalb der Massenkurven genügend berücksichtigt.

Auch der folgende Versuch, die Durchmesserentwicklungen der WIEDEMANNschen Ertragstafelsammlung heranzuziehen, konnte keinen vollen Erfolg bringen, wenn für alle Holzarten nur eine durchschnittliche Wuchsgeschwindigkeit und nur ein Wachstumsrhythmus für alle Holzarten vorgesehen ist. Obwohl auch für diesen zweiten Versuch die speziellen Massenkurven der Holzarten konstruiert und als Unterlagen herangezogen wurden, war der Erfolg noch nicht befriedigend.

Erfolgversprechender schienen die Arbeiten eines dritten Versuches zu sein, bei dem es unternommen wurde, auch den speziellen Wachstumsrhythmus und die spezielle Wachstumsgeschwindigkeit der Holzarten zu berücksichtigen.

Dazu war der Wachstumsrhythmus der einzelnen Holzarten zu analysieren. Für die Ableitung des durchschnittlichen Wachstumsganges der Holzarten wurden die Ertragstafeln benutzt. Verwendet wurde die Ertragstafelsammlung von GEHRHARDT 1930 und die WIEDEMANNsche Ertragstafelsammlung 1949. Zur Darstellung des Durchmesserentwicklungsganges wurden die folgenden Tafeln herangezogen:

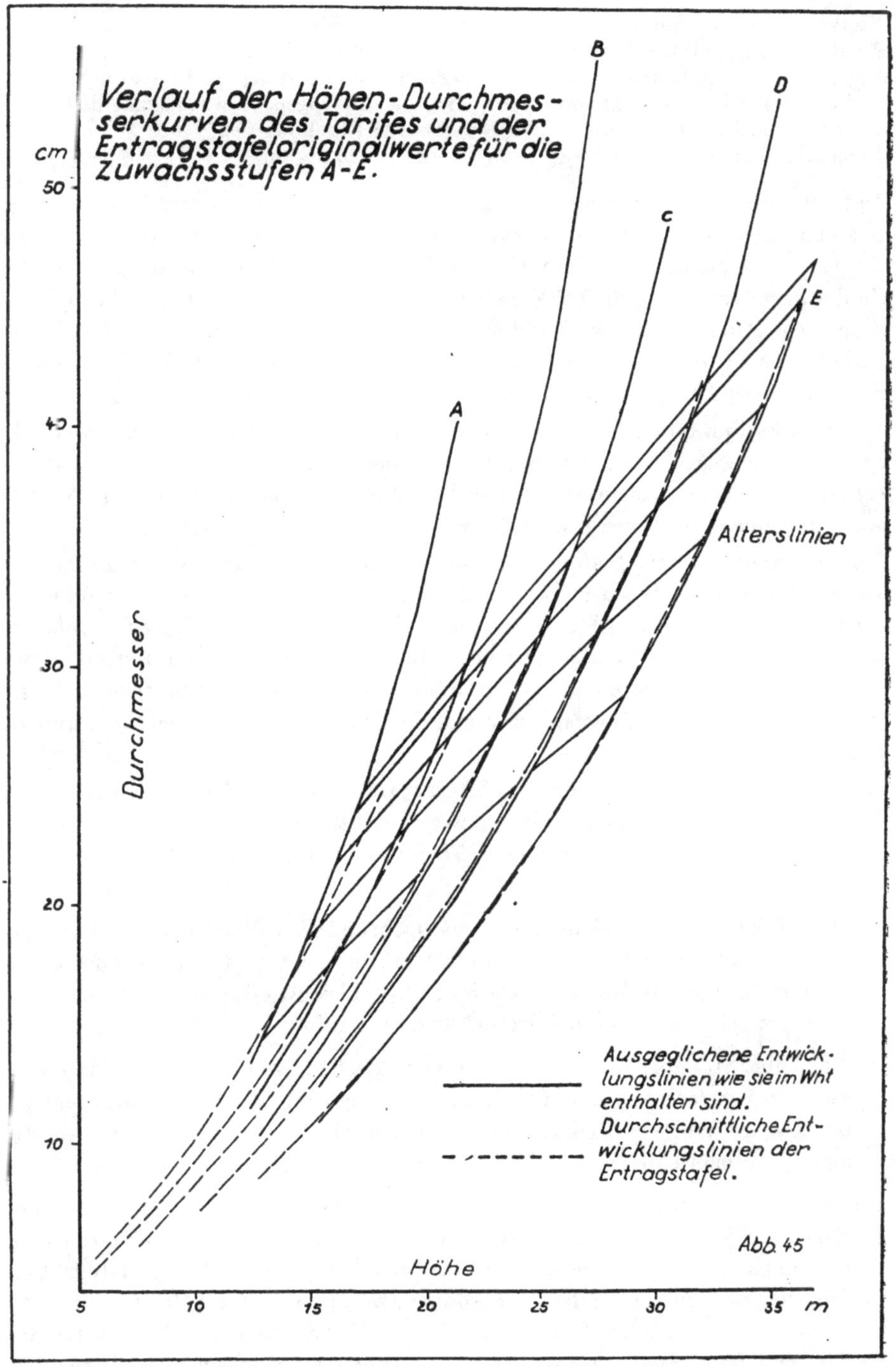
Verlauf der Höhen-Durchmesserkurven des Tarifes und der Ertragstafeloriginalwerte für die Zuwachsstufen A-E.
cm
50
40
30
20
10
Durchmesser
A
B
C
D
E
Alterslinien
Ausgeglichene Entwicklungslinien wie sie im Wht enthalten sind.
Durchschnittliche Entwicklungslinien der Ertragstafel.
Höhe
5
10
15
20
25
30
35
m
Abb. 45

	WIEDEMANN 1949	GEHRHARDT 1930
Kiefer	mäßige Durchforstung	mittelstarke Durchforstung
Fichte	starke Durchforstung	mäßige Durchforstung
Buche	mäßige Durchforstung	mäßige Durchforstung (ab IV schwach)
Eiche	starke Durchforstung	nicht herangezogen, da wenig einheitlich
Tanne	nicht vorhanden	schwache Durchforstung
Douglasie	starke Durchforstung	starke Durchforstung

Der für diese Arbeit zugrunde gelegte Rhythmus der Durchmesserentwicklung der einzelnen Holzarten und Bonitäten wurde aus den obenangeführten Ertragstafeln errechnet, zur Kontrolle graphisch dargestellt und ausgeglichen. Die Zahlenwerte mußten solange Verhältniszahlen (Prozente) sein, als die bei bestimmtem Alter erreichten Enddurchmesser noch nicht festlagen. Die Wachstumsgeschwindigkeit der Holzarten war noch nicht berücksichtigt, jedoch war die Entwicklung des Durchmessers damit holzartenweise festgelegt.

Die bei bestimmtem Alter erreichten Enddurchmesser wurden dann ebenfalls aus den obenangeführten Ertragstafeln entnommen. Da diese Angaben Durchschnittswerte einer großen Anzahl von Berechnungen sind, dürften sie als Mittelwerte für eine erreichbare Endgröße sehr geeignet sein.

Damit waren also die Bedingungen zur Ermittlung holzartenweise getrennter Durchschnittswerte gegeben. Es war nur noch notwendig, aus den Massenkurven über den zu bestimmten Altern gehörigen Durchmessern die Massen abzulesen, die Differenzen dieser Massenwerte zu bilden, diese auszugleichen und durch die Zahl der Jahre der Periode zu teilen, um auf den jährlichen Massenzuwachs zu kommen. Auch dieses Verfahren wurde bis zum Ende durchgeführt, und es ergaben sich folgende Mängel:

Obwohl der durchschnittliche Wachstumsgang wie auch die durchschnittliche Wachstumsgeschwindigkeit holzartenweise vorlagen, waren die Werte für Zuwachsberechnungen an kleineren Flächeneinheiten zu grob. Das liegt daran, daß

a) jede Holzbestockung nicht nur einen eigentümlichen Wachstumsverlauf hat, sondern daß dieser durch die Standortskräfte variiert ist, und es wohl kaum vorkommt, daß ein Bestand einem anderen gleicht, oder daß er genau einer Ertragstafel oder anderen Durchschnittswerten folgt.

b) Über den Standort mit seinem kleinklimatischen Komplex wirkt das Großklima so verschieden auf die Holzbestockung ein, daß es nur möglich ist, brauchbare Werte zu bekommen unter Berücksichtigung dieser Kräfte, die außerhalb menschlicher Reichweite und Berechnung stehen.

Im großen Rahmen werden diese Zuwachswerte brauchbar sein, aber für die hier gewünschten Zwecke sind sie zu grob und für kleine Objekte der Forsteinrichtung nicht brauchbar. Sie entsprechen etwa in ihrer Brauchbarkeit den Ertragstafelzahlen, die auch nur brauchbar sein können, wenn die in der Tafel angegebenen Daten auf den speziellen Bestand zutreffen. Schon wenn die Stammzahl der konkreten Bestockung — selbst bei genau ermittelter Bonität — nicht mit der

Tafel übereinstimmt, oder wenn die Höhe der Kreisfläche sich unterscheidet, kann der Zuwachswert völlig falsch sein, denn die besten Ertragstafeln und die besten Durchschnittswerte vermögen die wechselnde Wirkung der Umweltskräfte nicht wiederzugeben.

Die Zuwachsberechnungen müssen also, wenn sie erfolgversprechend sein sollen, die Eigentümlichkeiten der konkreten Bestockungen berücksichtigen. Es müssen die örtlichen Höhenverhältnisse, die Durchmesserverteilung sowie der Durchmesserzuwachs der letzten Zeit berücksichtigt werden. Damit werden die obengenannten Mängel weitestgehend ausgeschieden, denn der erreichte Durchmesser sowie der Durchmesserzuwachs der letzten Zeit spiegeln die Bedingungen wider, unter denen die Bestockung wächst. Die Stammzahl auf der Flächeneinheit wird dann die absolute Höhe des Massenzuwachses bestimmen. Alle diese für den Zuwachs so wichtigen Daten müssen für jede Holzart getrennt ermittelt werden. Dabei sind die Zuwachsschwankungen infolge der wechselnden klimatischen Verhältnisse nicht ausgeschaltet, aber die Einwirkung des Standortes auf die einzelnen Holzarten wird durch den Durchmesserzuwachs einer Periode von Jahren ausgeglichen wiedergegeben.

c) Ableitung von Zuwachswerten mit Hilfe von Massendifferenzen

Jeder einzelne Massentarif des Waldhöhentarif-Systems läßt sich in einer Massenkurve graphisch darstellen. Für die Zuwachsberechnungen wurden jedoch jeweils zwei benachbarte Tarife zusammengefaßt, wie das schon vorher beschrieben wurde. Auch für diese zusammengefaßten Tarife — sie werden als Zuwachsstufen mit A, B, C usw. bezeichnet — können Massenkurven aufgestellt werden. Diese Massenkurven stellen für eine bestimmte Zuwachsstufe die Verhältnisse der Einzelstamm-Massen zum Durchmesser dar. Die Konstruktion der Massenkurven für die Zuwachsstufen erfolgte über die Mittelwerte der entsprechenden Tarife. Die Höhenkurven, die den Massenlinien der Zuwachsstufen entsprechen, liegen auf der gemeinsamen Grenzlinie der beiden entsprechenden Tarife. Die Formzahlwerte der Zuwachsstufen liegen bei gleicher Durchmesserstufe zwischen den Formzahlen der beiden Tarife. Die Kreisfläche wird durch den Aufbau der Massenlinien der Zuwachsstufen nicht verändert. Die Massenlinien der Zuwachsstufen zeigen — über die Mittelstämme der Durchmesserstufen konstruiert — einen stetigen ausgeglichenen Verlauf. Sie wurden, wie die Massentarife, nur nach Holzartengruppen Nadelholz und Laubholz aufgestellt. Eine ausgleichende Veränderung an diesen Linien wurde nicht vorgenommen (Abb. 46a, 46b).

Das nächste Ziel der Untersuchungen mußte es sein, die Größe des Massenzuwachses zu ermitteln, der zu einem bestimmten Durchmesserzuwachs gehört. Dieser Massenzuwachs mußte verschieden groß ausfallen, da bei gleichem Durchmesserzuwachs — je nach dem Ausgangsdurchmesser — sich die Kreisfläche verschieden verändert. Diese Untersuchungen wurden nach einiger Überprüfung für einen Durchmesserzuwachs von 2 cm für beide Gruppen durchgeführt. Es ergibt sich also für jede Stärkestufe für einen mittleren Durchmesserzuwachs von 2 cm eine bestimmte Massendifferenz. Diese mittlere Massendifferenz jeder

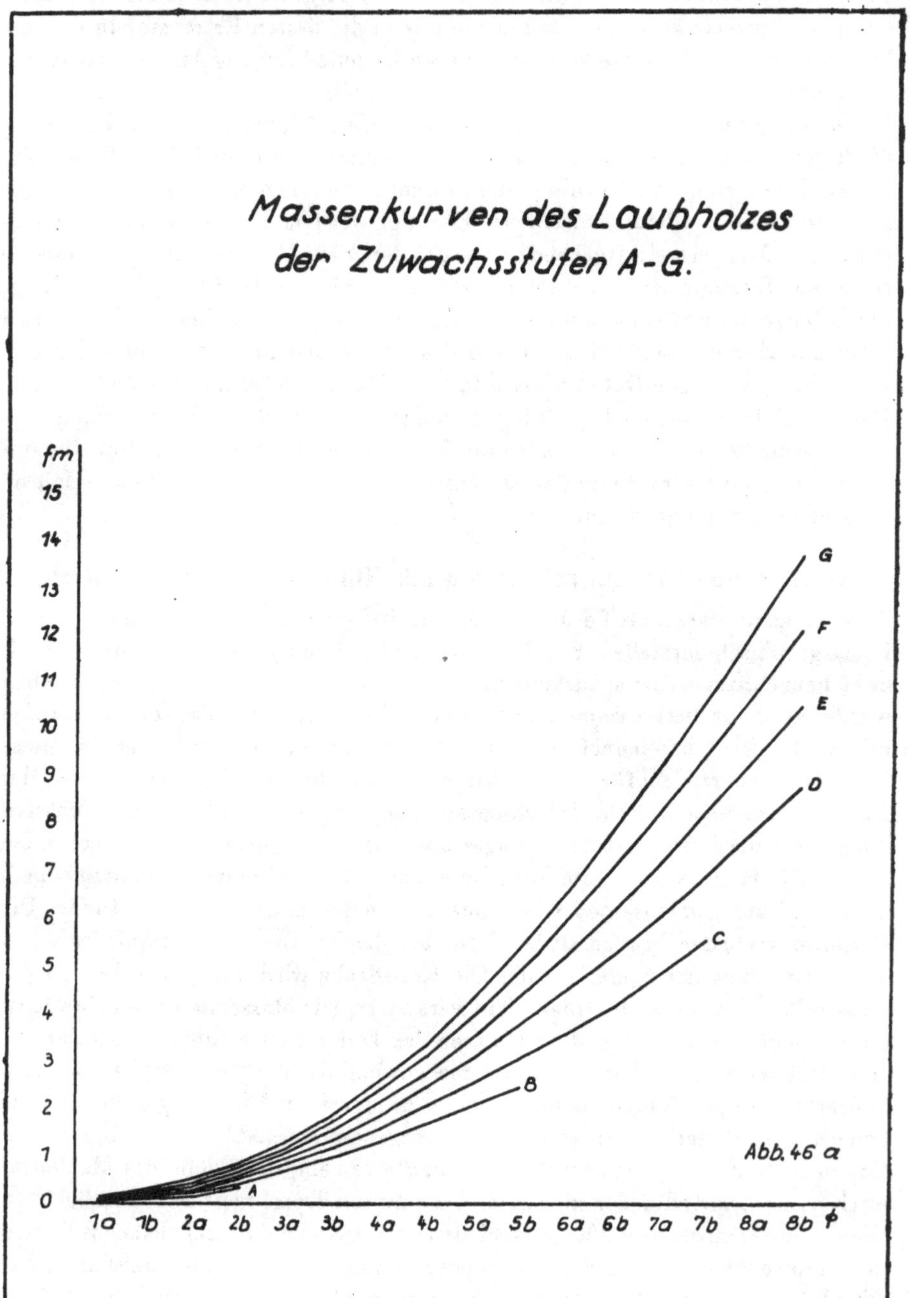
Massenkurven des Laubholzes
der Zuwachsstufen A-G.
fm
15
14
13
12
11
10
9
8
7
6
5
4
3
2
1
0
1a 1b 2a 2b 3a 3b 4a 4b 5a 5b 6a 6b 7a 7b 8a 8b ϕ
A
B
C
D
E
F
G
Abb. 46 a

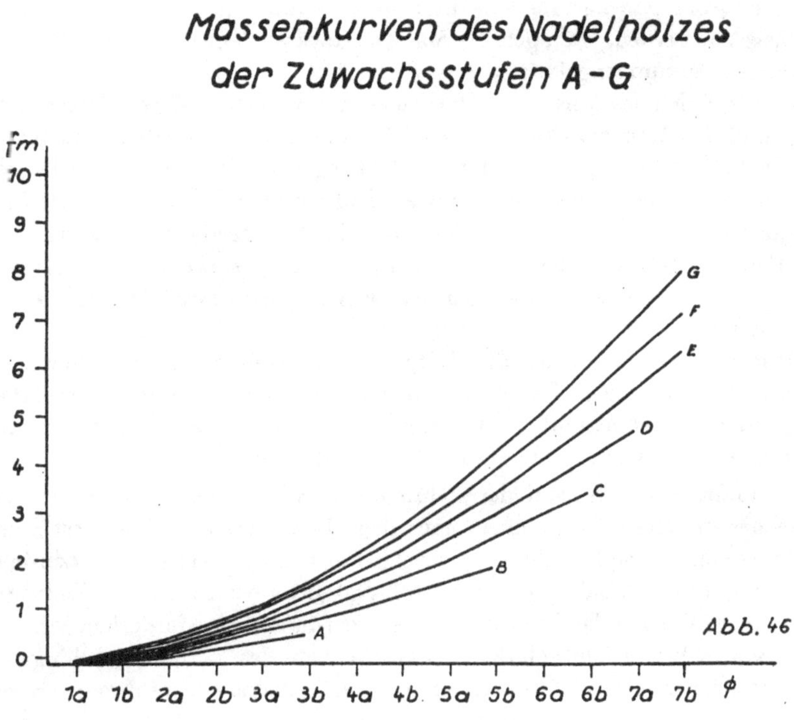
Massenkurven des Nadelholzes
der Zuwachsstufen A–G
fm
10
9
8
7
6
5
4
3
2
1
0
G
F
E
D
C
B
A
1a 1b 2a 2b 3a 3b 4a 4b 5a 5b 6a 6b 7a 7b
ϕ

Abb. 46 b

Stärkestufe wurde aus zwei Berechnungen als arithmetisches Mittel bestimmt. Bei der wechselnden Steigung der Massenkurven war ein solches Vorgehen ratsam.
Es wurden zum Beispiel für die Ermittlung des Massenzuwachses bei einem Durchmesserzuwachs von 2 cm für die Stärkestufe 2a folgende Berechnungen angestellt: Durchmesserzuwachs von 21 bis 23 cm ergibt eine bestimmte Massendifferenz, der Durchmesserzuwachs von 22 bis 24 cm ergibt ebenfalls eine bestimmte Größe. Aus diesen beiden Zuwachswerten wird als arithmetisches Mittel die Massendifferenz für die Stufe 2a errechnet. Mit diesen beiden Spannen ist der größte Teil der Durchmesserstufe erfaßt und der Mittelwert der Stufe 2a, nämlich 22,5 cm, wird von beiden Spannen eingeschlossen. Diese Massendifferenzen der Durchmesserstufen wurden tabellarisch festgelegt (Tab. 26), graphisch dargestellt und unter Einhaltung der Summen vorsichtig ausgeglichen (Abb. 47). Diese ausgeglichenen Werte wurden tabellarisch zusammengestellt, und die vielfachen Massendifferenzen liegen in einer Zuwachstafel der Einzelstämme für Laub- und für Nadelholz vor. Die Einzelstammzuwüchse wurden zu Hektarwerten verrechnet, die schon bei der Errechnung des Holzvorrates ermöglichen, jeder Stärkestufe eine bestimmte Zuwachsgröße zuzuordnen. Die Zuwachswerte werden, wie auch die Massen, stärkestufenweise ermittelt und in einer Summe zusammengefaßt.
Bisher ist lediglich das Verhältnis Durchmesserzuwachs zur Massendifferenz dargestellt und ermittelt worden. Die Zeit ist bisher noch nicht als modifizierende Größe in Erscheinung getreten. Ihre Bedeutung wird dadurch ersichtlich, daß dieser Durchmesserzuwachs von 2 cm in zwei oder vier Jahren geleistet sein kann, das bedeutet weiter, daß der mittlere periodisch laufende Massenzuwachs im ersten Falle doppelt so groß sein muß wie im zweiten. Es ist also wichtig zu erkennen, welche Zeit gebraucht wurde, um 2 cm Durchmesserzuwachs zu leisten.
Es wurde zunächst versucht, die Zeitgröße unmittelbar zur Berechnung des Zuwachses heranzuziehen. Das geschah in der Weise, daß die Summe der Massendifferenzen durch die Anzahl der Jahre, die die Stämme dieser Stufe zur Bildung von 2 cm Durchmesserzuwachs benötigten, dividiert wurden.

Die Bestimmung der Anzahl der Jahre für 1 cm Radialzuwachs wurde zum Zwecke der größeren Genauigkeit über den Radialzuwachs einer bestimmten Periode — von 5 oder 10 Jahren — durchgeführt. Zu diesem Zwecke wurde der mittlere einjährige Radialzuwachs ermittelt und dieser benutzt, um die Zeitspanne zu errechnen, die zur Division der Differenzen-Summen erforderlich war. Auf Vorschlag von Herrn Dipl.-Math. THIELE konnte das Verfahren dahingehend verbessert werden, als die mittleren einjährigen Radialzuwüchse unmittelbar zur Multiplikation mit den Differenzen-Summen herangezogen wurden. Die Ergebnisse mußten die gleichen sein, da es sich lediglich um Reziprokwerte handelt. Die unmittelbare Verwendung der Radialzuwachswerte gestaltet die Zuwachsermittlung bei gleicher Genauigkeit noch einfacher, und ich bin Herrn THIELE für seinen Hinweis sehr dankbar.

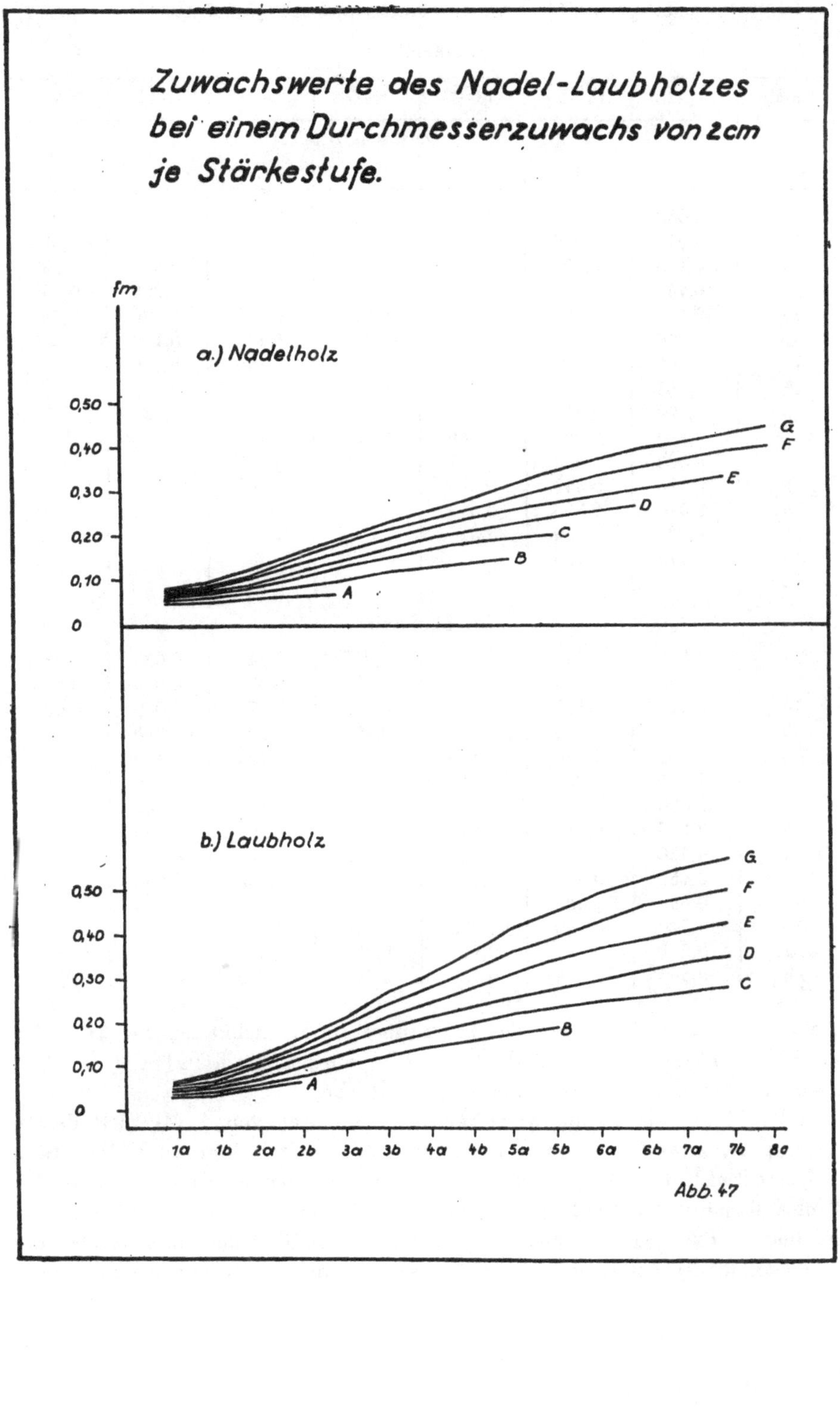
Zuwachswerte des Nadel-Laubholzes bei einem Durchmesserzuwachs von 2cm je Stärkestufe.
fm
a.) Nadelholz
0,50
0,40
0,30
0,20
0,10
0
A
B
C
D
E
F
G
b.) Laubholz
0,50
0,40
0,30
0,20
0,10
0
A
B
C
D
E
F
G
1a 1b 2a 2b 3a 3b 4a 4b 5a 5b 6a 6b 7a 7b 8a

Abb. 47

TABELLE 26

Massendifferenzen für 2 cm Durchmesserzuwachs je Stärkestufe

a) Nadelholz

Tarife	14—13	12—11	10—9	8—7	6—5	4—3	2—1
Durch-messer	Zuwachsstufe						
	G	F	E	D	C	B	A
1a	0,060	0,055	0,050	0,045	0,040	0,030	0,025
1b	0,075	0,070	0,065	0,060	0,050	0,040	0,030
2a	0,105	0,095	0,085	0,075	0,065	0,050	0,040
2b	0,140	0,130	0,115	0,100	0,085	0,065	0,045
3a	0,175	0,165	0,145	0,125	0,110	0,080	0,050
3b	0,210	0,195	0,170	0,150	0,130	0,100	0,055
4a	0,240	0,220	0,200	0,175	0,150	0,110	
4b	0,265	0,245	0,225	0,195	0,165	0,120	
5a	0,300	0,275	0,245	0,210	0,175	0,130	
5b	0,330	0,295	0,260	0,225	0,185		
6a	0,360	0,320	0,275	0,240	0,195		
6b	0,385	0,340	0,290	0,255	0,205		
7a	0,400	0,360	0,310				
7b	0,420	0,380	0,320				
8a	0,440	0,395					
8b							

b) Laubholz

1a	0,060	0,055	0,050	0,045	0,040	0,035	0,030
1b	0,080	0,075	0,065	0,060	0,050	0,045	0,035
2a	0,120	0,105	0,095	0,080	0,070	0,060	0,050
2b	0,160	0,145	0,130	0,115	0,100	0,080	0,065
3a	0,205	0,190	0,170	0,150	0,125	0,100	
3b	0,260	0,235	0,210	0,185	0,150	0,120	
4a	0,300	0,275	0,240	0,210	0,175	0,140	
4b	0,355	0,315	0,275	0,230	0,195	0,155	
5a	0,410	0,355	0,305	0,255	0,215	0,170	
5b	0,450	0,390	0,340	0,275	0,225	0,185	
6a	0,490	0,425	0,365	0,290	0,240		
6b	0,520	0,460	0,385	0,310	0,250		
7a	0,550	0,480	0,405	0,330	0,260		
7b	0,565	0,495	0,420	0,345	0,270		

Nach Abschluß meiner Untersuchungen über die Möglichkeiten von Zuwachsermittlungen mit Hilfe des Waldhöhentarifes wurden von LOETSCH (22, 22a) zwei Arbeiten mit ähnlichem Inhalt veröffentlicht.

LOETSCH übernimmt aus amerikanischen Arbeiten von A. MEYER dessen „Interpolationsverfahren" und überträgt es auf den von ihm mit KRUTZSCH aufgestellten Einheitshöhenstufen-Tarif. LOETSCH nennt das von ihm auf den Einheitshöhenstufen-Tarif übertragene Interpolationsverfahren „Tarif-Differenzmethode". Bei dieser Methode bedient sich LOETSCH der Massenzahlen des Einheitshöhenstufen-Tarifes. An Hand eines bestimmten Durchmesserzuwachses lassen sich mit Hilfe der Massenlinien Massendifferenzen errechnen, die die Grundlage für die Berechnung des Massenzuwachses darstellen.

Die Massendifferenzen werden mit dem durchschnittlichen Radialzuwachs für eine bestimmte Zeitspanne multipliziert und werden damit in einen Massenzuwachs umgewandelt. Dieser Massenzuwachs soll dann weiter durch „Rindenfaktoren" korrigiert werden, um die Unterschiede zwischen den gekluppten Durchmessern mit Rinde zu den durch die Bohrung gefundenen Durchmessern ohne Rinde auszugleichen. Die Rindenfaktoren haben folgende Werte:

Fi, Bu	1,023	
Ki	1,119	
Lä	1,154	
Ei	1,107	(nach LOETSCH (22))

Nach den Ergebnissen eigener Untersuchungen (63) halte ich die Verwendung dieser Rindenfaktoren nicht für angebracht.

d) Überprüfung der Zuwachsermittlung

Die Richtigkeit der Zuwachswerte sowie die Brauchbarkeit der vorgeschlagenen Methode der Zuwachsermittlung wurden an insgesamt 100 Versuchsflächen überprüft.

Die Überprüfung mit Hilfe der von PRODAN (34) veröffentlichten Zuwachsprozente erfolgte getrennt nach Nadel- und Laubholz. Die nach PRODAN ermittelten Zuwüchse wurden als richtig angesehen und gleich 100% gesetzt. Für das Nadelholz wurden 48 Beispiele durchgerechnet. Das arithmetische Mittel der prozentualen Differenzen dieser Messungen liegt bei $-1{,}56\%$, die mittlere quadratische Abweichung beträgt $\pm$ 9,3% und die Genauigkeit $\pm$ 2,64%.

Die Laubholzuntersuchungen — 32 Beispiele — ergaben ein arithmetisches Mittel von $-0{,}97\%$. Die mittlere quadratische Abweichung beträgt $\pm$ 7,8% und die Genauigkeit wurde mit $\pm$ 2,72% errechnet (Tab. 27).

Diesem Versuch liegen verhältnismäßig gleichmäßige und gepflegte Versuchsflächen der früheren forstlichen Versuchsanstalt zugrunde. Auf Anregung wurden weitere 20 Flächen verlichteter und unpfleglich behandelter Bestockungen untersucht. Es handelt sich teilweise um sehr schlechte, auf der anderen Seite um beste Bonitäten (Tab. 28). Die Bestockungen wichen deshalb in ihrer Leistung sehr stark voneinander ab. Zur Kontrolle sind die PRODANschen Zuwachsprozente herangezogen worden. Auch eine Berechnung mit dem KRENNschen Tarif wurde angestellt.

Auch hier sind die mit Hilfe der PRODANschen Zuwachsprozente ermittelten Zuwachswerte als richtig angesehen und für die Berechnung der Streuung gleich 100% gesetzt worden. Das arithmetische Mittel der prozentualen Differenzen der Zuwüchse nach dem Waldhöhentarif beträgt $-4{,}9\%$, die mittlere quadratische Abweichung $\pm$ 13,7%, die Genauigkeit $\pm$ 6,5%. Die gleiche Berechnung für die nach der Ertragstafel berechneten Zuwachswerte ergibt ein arithmetisches

TABELLE 27

Zusammenstellung der Zuwachswerte nach Waldhöhentarif und PRODANschen Prozenten errechnet

Nadelholz

Waldhöhentarif	Nach PRODAN-Prozenten	Waldhöhentarif	Nach PRODAN-Prozenten
10,08	11,55	0,53	0,49
5,04	5,85	0,27	0,27
2,02	2,31	1,88	1,70
1,01	1,08	0,93	0,85
8,40	9,23	0,38	0,34
4,20	4,54	0,19	0,17
1,68	1,85	1,90	1,85
0,84	0,85	0,95	0,92
9,36	10,82	0,38	0,37
4,68	5,41	0,19	0,18
1,87	2,30	3,40	3,30
0,94	1,15	1,70	1,70
10,45	12,08	0,68	0,68
5,47	6,04	0,34	0,34
2,19	2,56	7,15	6,90
1,09	1,28	3,57	3,40
7,57	8,26	1,43	1,36
3,78	4,10	0,72	0,68
1,51	1,65	1,82	1,58
0,78	0,80	0,91	0,79
6,39	6,65	0,36	0,33
3,19	3,28	0,18	0,17
1,28	1,32		
0,64	0,66	128,32 fm	137,69 fm
2,67	2,44	93,2%	100%
1,33	1,26		
Laubholz			
18,77	22,28	7,34	7,13
9,38	10,33	3,67	3,56
3,75	4,20	33,26	32,34
1,87	1,90	16,63	16,17
16,12	16,07	6,65	6,93
8,06	8,03	3,32	3,85
3,22	3,15	1,54	1,58
1,61	1,43	0,77	0,78
10,09	10,90	0,31	0,32
5,04	5,45	0,15	0,16
2,02	2,16	5,59	5,90
1,01	1,13	2,80	2,95
4,15	3,67	1,12	1,18
2,07	1,84	0,56	0,59
0,83	0,76		
0,42	0,38	227,26 fm	227,91 fm
36,69	33,86	99,7%	100%
18,45	16,93		

TABELLE 28

Zusammenstellung der Massen-Zuwachsuntersuchungen an 20 Versuchsflächen in Hektarwerten

Forstorte	Massen nach: Wald-höhen-tarif	Form-höhen-reihe	KRENN	Ertrags-tafel-schätzung	Zuwachs nach: Wald-höhen-tarif	PRO-DAN-Prozente	KRENN	Ertrags-tafel-schätzung
Usedom								
1	68,00	76,37	94,41	78,52	1,77	1,76	2,28	2,46
2	110,52	115,98	131,24	116,46	4,76	3,89	4,11	3,60
20	136,36	142,85	138,56	141,22	5,84	6,30	5,71	5,60
21	146,72	145,74	151,92	151,61	9,12	9,21	8,94	6,01
27	222,64	205,52	266,36	223,04	4,40	5,50	7,01	6,81
18	124,72	125,87	141,68	126,27	4,40	4,43	4,86	3,62
19	161,36	154,20	156,76	153,64	8,28	7,09	6,98	5,46
17	96,28	105,12	139,84	108,24	2,36	2,64	3,54	3,24
22	229,44	255,93	258,40	250,92	2,48	3,12	3,29	3,91
24	146,16	147,24	157,72	150,77	8,08	7,71	7,58	5,90
25	277,00	277,23	289,68	277,56	7,44	9,37	8,97	11,66
Torgelow								
1	313,04	319,56	317,00	333,56	4,76	4,60	5,63	6,48
7	214,92	228,91	223,60	224,16	1,64	1,92	2,18	3,72
11	241,24	250,97	240,24	268,69	7,68	9,03	8,45	14,37
16	202,80	220,93	212,26	207,81	1,54	1,77	1,83	3,16
17	159,68	160,33	166,75	200,75	2,08	2,24	2,65	3,97
3	201,44	207,98	214,04	201,44	4,52	3,83	3,99	5,97
8	155,92	165,80	172,37	168,96	1,14	1,43	1,47	2,78
10	351,80	353,37	386,87	358,11	4,32	5,09	5,69	6,74
13	71,36	81,15	76,18	77,28	3,04	3,18	2,94	4,64
	3631,40	3741,05	3935,88	3818,99	89,65	94,11	98,16	110,10
In Prozenten:	97,1	100	105,2	102,1	95,3	100	104,3	117,0

Mittel der Differenzen von ± 28,3%, eine mittlere quadratische Abweichung von ± 15,5% und eine Genauigkeit von ± 7,3%.

Zusammenfassung

	Formhöhenreihen	KRENN-Tarif	Waldhöhentarif
Massen	3741,05 fm 100%	3955,88 fm 105,2%	3631,40 fm 97,1%
	PRODAN-Prozente	KRENN-Tarif	Waldhöhentarif
Zuwüchse	94,11 fm 100%	98,16 fm 104,3%	89,65 fm 95,3%

Die für diese Zwecke verwendete Zuwachstafel für Einzelstämme wurde für die Verwendung bei den mathematisch-statistischen Methoden der Holzvorratsinventur umgerechnet auf Hektarwerte, die den Kreisgrößen der Proben entsprechen. Damit ist der Anschluß an die moderne Forsteinrichtung gegeben.

Eine nochmalige Überprüfung dieser Hektarwerte erschien unnötig, da diese Zahlenwerte lediglich umgerechnet wurden und außerdem auf den gleichen Massenkurven des Waldhöhentarifes beruhen.

An dem umfangreichen Material, das zur Überprüfung des Waldhöhentarifes herangezogen worden ist — etwa 115000 fm — haben sich diese Massenkurven sehr gut bewährt und garantieren damit auch die Zuverlässigkeit der auf ihnen basierenden Zuwachswerte. Das Gesamtergebnis der Zuwachsberechnung nach dem Waldhöhentarif, verglichen mit dem PRODAN-Prozenten, ergibt folgendes:

PRODAN	Waldhöhentarif
459,71 fm	445,23 fm
100%	96,85%

e) Die Zuwachsprozente des Waldhöhentarifes

Mit dem Wunsche nach Vereinfachung und größerer Wirtschaftlichkeit griff das Institut für Forsteinrichtung der Forstwirtschaftlichen Fakultät der Humboldt-Universität zu Berlin in Eberswalde die Zuwachsberechnung mit Hilfe des Waldhöhentarifes auf und arbeitete auf dieser Grundlage eine Methode aus, mit deren Hilfe die Zuwachsberechnungen für größere Einheiten (Standortsbetriebsklasse) durchführbar sind (35a, Seite 104). Es wird dabei nicht vom Bestand bzw. der Unterabteilung ausgegangen, sondern auf der Ebene der Standortsbetriebsklasse werden die errechneten Zuwachsprozente der Stärkestufen mit der Masse dieser Stärkestufen multipliziert. Der so errechnete Zuwachs einer Stärkestufe einer Standortsbetriebsklasse wird statistisch sehr genau ermittelt werden können, da eine große Zahl von Bohrungen für jede Stärkestufe vorliegt. Auf Ergebnisse für kleinere Einheiten (Abteilung oder Unterabteilung) wird verzichtet.

Die Errechnung der Zuwachsprozente erfolgt durch Multiplikation der Stärkezuwüchse der Stärkestufen mit bestimmten Konstanten, die aus den zusammengefaßten Massentarifen des Waldhöhentarifes errechnet wurden. Es werden dabei die Massentarife 14—11, 10—5 und 4—1 zu je einer Massenkurve zusammengefaßt. Aus diesen Massenkurven wurden die Konstanten errechnet. Für diese Art der Zuwachsberechnung ist es erforderlich, festzustellen, welche der drei Massenkurven für die zu berechnende Standortsbetriebsklasse anzuwenden ist. Dieses geschieht durch Mittelung der Höhentarif-Ziffern. Ferner ist auch je eine Konstantenreihe für Laub- und Nadelholz angegeben, analog zu der im folgenden beschriebenen Zuwachsprozentreihe des Waldhöhentarifes, die ohne Berechnung des mittleren Höhentarifes eine Zuwachsberechnung gestattet. RICHTER-GROSSMANN-THIELE sind jedoch der Meinung, daß es noch weiterer Untersuchungen bedürfe, um festzustellen, ob die Anwendung von nur 2 Konstantenreihen vertretbar sei.

Dieser Vorschlag vereinfacht die Massenzuwachsberechnung gegenüber dem vorgeschlagenen Verfahren der Zuwachsberechnung mit Massendifferenzen und bringt zweifellos bei genügend genauer Erfassung des Stärkezuwachses genügend genaue Massenzuwüchse. Da von seiten der Forsteinrichtung nur wenig Interesse für die Massenzuwachsberechnung von Beständen bzw. Unterabteilungen besteht und die Zuwachserhebungen auf größerer Ebene (Standortsbetriebsklassen) durchgeführt werden sollen, ist die Zuwachsermittlung vom Verfasser noch einmal überarbeitet worden. Bei diesen Untersuchungen in den Jahren 1954/55 hat sich ergeben, daß es möglich ist, für den Laubholz- wie für den Nadelholz-Massentarif je eine Zuwachsprozentreihe aufzustellen, die es ermöglicht, ohne Berücksichtigung des Höhentarifes der Einzelbestände, Zuwachsberechnungen für beliebig große Objekte durchzuführen, soweit der mittlere Stärkezuwachs dieser Objekte genügend genau erfaßt ist. Die Ableitung der Zuwachsprozente (Tab. 32) des Waldhöhentarifes erfolgte über die schon erwähnten Massendifferenzen. Die Massendifferenzen des Nadelholz- und Laubholztarifes wurden lediglich in Prozent der Masse der entsprechenden Durchmesserstufe ausgedrückt, sie werden zu Zuwachsprozenten (Abb. 48a, 48b). Sie wurden einem leichten

TABELLE 29

Massenzuwachsberechnungen nach dem Massendifferenz- und nach dem Zuwachsprozentverfahren des Waldhöhentarifsystems

	Ø Stufe	N	Massen-diff.	Z_r cm	Z_v (diff.)	V	Z_r mm	Z_p	Z_v (zp)	Sp. 9 in % d. Sp. 5
	Massendifferenzmethode					Zuwachsprozentmethode				
	1	2	3	4	5	6	7	8	9	10
Bestand 1	1a	2	0,09	0,127	0,011	0,15	1,27	7,62	0,011	100
	1b	17	1,02	0,152	0,155	3,12	1,52	4,67	1,146	94
	2a	115	8,63	0,177	1,528	42,09	1,77	3,73	1,570	103
	2b	134	13,40	0,202	2,707	80,40	2,02	3,42	2,750	102
	3a	99	12,38	0,227	2,810	89,60	2,27	3,24	2,903	103
	3b	73	10,95	0,252	2,759	91,91	2,52	3,08	2,831	103
	4a	21	3,68	0,276	1,016	35,47	2,76	2,90	1,029	101
	4b	9	1,76	0,302	0,532	19,46	3,02	2,75	0,535	101
			51,91		11,518	362,20			11,775	102
Bestand 2	1a	2	0,09	0,041	0,018	0,15	0,41	1,27	0,016	89
	1b	6	0,36			1,10				
	2a	34	2,55	0,061	0,156	11,76	0,61	1,29	0,152	97
	2b	51	5,10	0,130	0,663	28,76	1,30	2,20	0,633	95
	3a	55	6,88	0,152	1,046	47,09	1,52	2,17	1,022	98
	3b	26	3,90	0,233	0,870	30,71	2,23	2,73	0,838	96
	4a	27	4,73	0,167	0,823	42,90	1,67	1,75	0,786	96
	4b	1	0,20			2,04				
			23,81		3,576	164,51			3,447	96,4

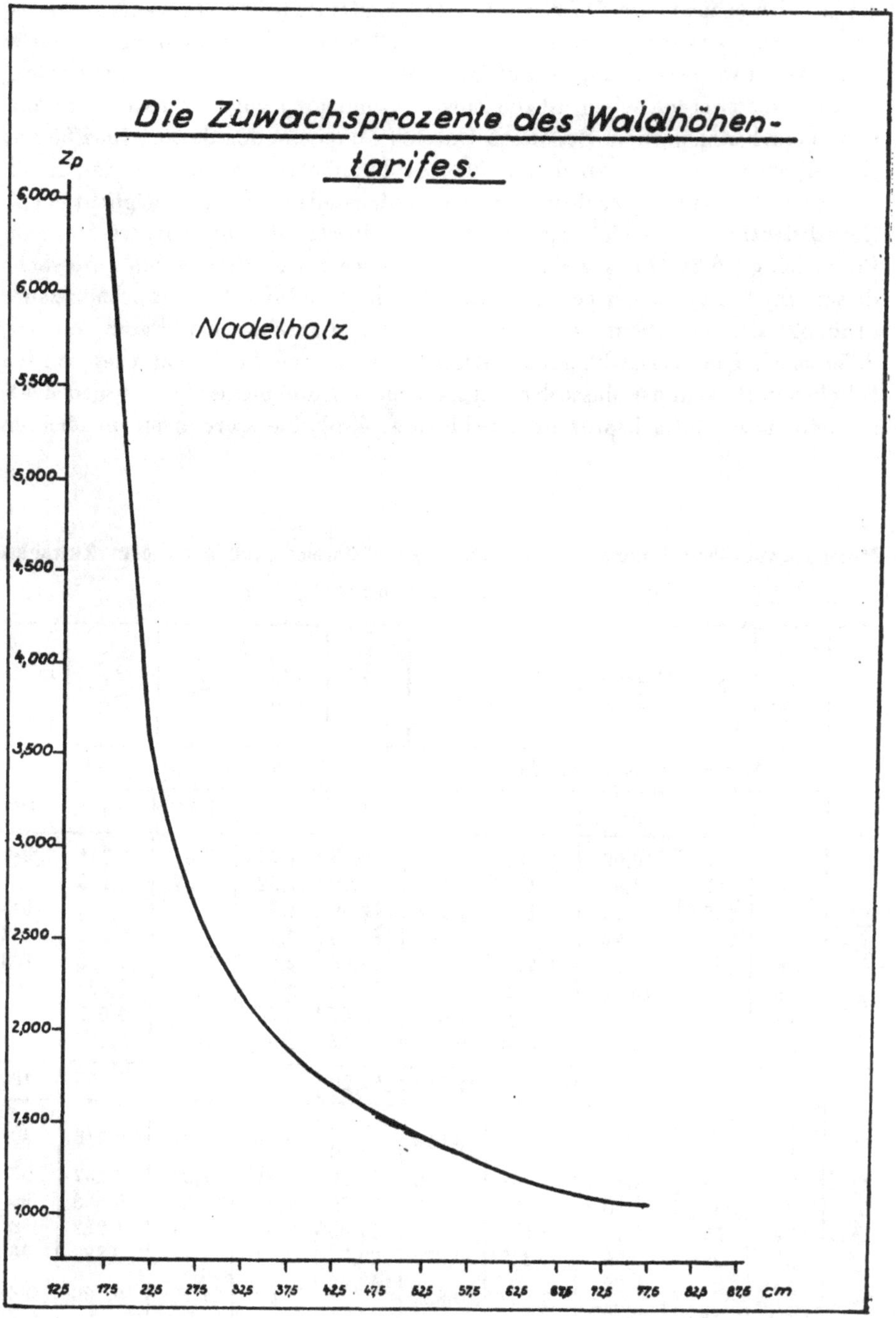
Die Zuwachsprozente des Waldhöhen-
tarifes.
Nadelholz
Zp
6,000
5,500
5,000
4,500
4,000
3,500
3,000
2,500
2,000
1,500
1,000
12,5 17,5 22,5 27,5 32,5 37,5 42,5 47,5 52,5 57,5 62,5 67,5 72,5 77,5 82,5 87,5 cm

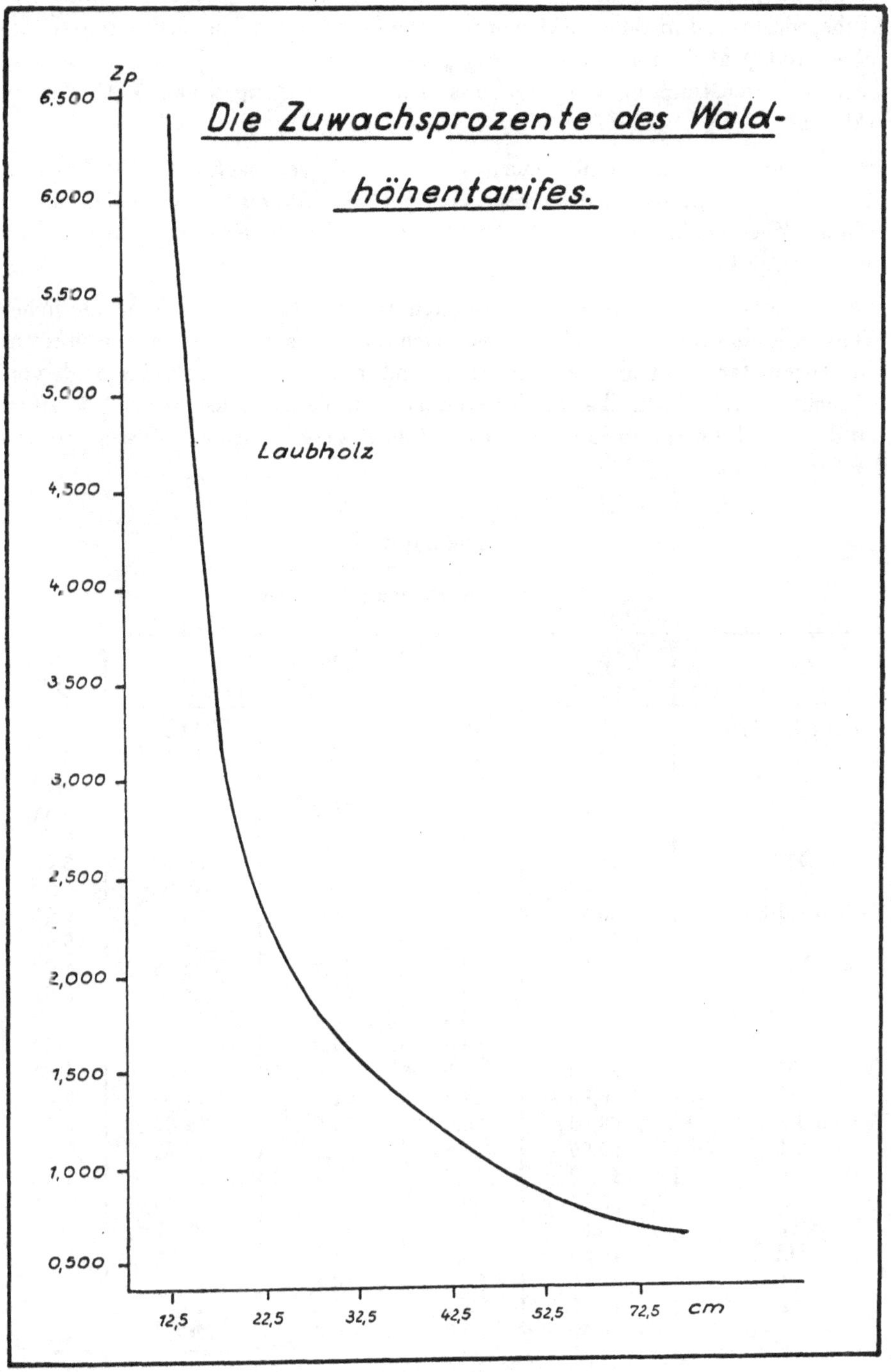
Die Zuwachsprozente des Waldhöhentarifes.
Laubholz
zp
6,500
6,000
5,500
5,000
4,500
4,000
3 500
3,000
2,500
2,000
1,500
1,000
0,500
12,5
22,5
32,5
42,5
52,5
72,5
cm

graphischen Ausgleich unterzogen und tabellenweise festgelegt. Da diese Zuwachsprozente unmittelbar auf den vor mir errechneten Massendifferenzen beruhen und praktisch nur deren ausgeglichene prozentuale Größen darstellen, ist die Übereinstimmung der Ergebnisse nach Anwendung beider Methoden zu erklären.

Im folgenden werden die Massenzuwachsberechnungen nach Massendifferenzen (Tab. 26) wie nach Massenzuwachsprozenten (Tab. 32) an zwei Beispielen durchgeführt. Wie erwähnt, weichen die Ergebnisse bei der Massenzuwachsberechnung nur unwesentlich voneinander ab (Tab. 29).

Die Berechnung der Massenzuwüchse nach Massendifferenzen geht in ähnlicher Weise wie eine Massenberechnung vor sich. Aus Tabellen werden die Massendifferenzen stärkestufenweise entnommen und mit der Stammzahl der Stufe vervielfacht. Durch Multiplikation der erbohrten Radialzuwüchse der Stärkestufen mit dem Produkt Stammzahl mal Massendifferenz ergibt sich der Massenzuwachs der Stärkestufe.

TABELLE 30

Zuwachsberechnung (PRODAN)

Abt.	D_m	Z_d	Z_p nach PRODAN	V	Z_v
Tornau Jg. 5/V	17,80	10,4	16,6	33,29	5,53
Tornau Jg. 39/I	21,60	11,2	14,0	41,17	5,76
43/II	23,00	9,0	10,4	48,94	5,09
I	22,00	8,3	10,2	53,46	5,45
IV	24,40	7,9	8,5	55,93	4,75
Pouch III	26,80	11,2	10,7	30,00	3,21
	30,30	13,6	10,8	46,65	5,04
Tornau III/39	20,90	14,3	18,3	35,06	6,41
VI	17,80	15,8	25,2	27,46	6,92
Pouch IV	19,90	7,5	10,2	48,78	4,98
Tornau 43/III	21,50	9,3	11,6	48,84	5,67
5/III	27,50	6,4	5,8	52,21	3,03
	21,90	9,6	11,7	35,70	4,18
IV	25,30	8,3	8,4	30,99	2,60
II	26,90	12,8	12,1	21,68	2,62
Tornau IV	28,00	5,6	4,9	51,02	2,50
I	19,00	4,8	4,1	47,52	1,95
II	28,10	4,6	4,1	36,33	1,49
V	25,40	6,8	6,8	17,79	1,21
48/II	18,50	7,6	11,5	29,53	3,40
III	24,30	12,1	13,0	28,96	3,76
I	24,00	12,6	13,8	13,60	1,88
II	25,40	8,6	8,6	18,37	1,58
	26,70	9,8	9,3	20,92	1,95
				874,20 fm	90,96 fm

TABELLE 31

Massenzuwachsberechnung nach den Zuwachsprozenten des Waldhöhentarifes

Summarische Berechnung für 24 Versuchsflächen nach Zuwachsbohrungen

Anzahl der Stämme, an denen je 2 Bohrspäne entnommen wurden

0b	1a	1b	2a	2b	3a	3b	Insg.
3	27	54	71	69	44	11	279
							558 Bohrungen

Durchmesserstufe	Masse		Z_r	Z_p	Z_v
0b	0,07	18,14			
1a	18,07		3,71	22,2	4,027
1b	106,50		4,49	13,8	14,697
2a	242,79		5,17	10,9	26,464
2b	278,65		5,69	9,7	27,029
3a	176,86		5,44	7,7	13,618
3b	42,07	51,26	5,13	6,3	3,229
4a	9,19				
	874,20 fm				89,064 fm

TABELLE 32

Die Zuwachsprozente des Waldhöhentarifes

	Laubholz	Nadelholz
1a	6,470	5,991
1b	3,194	3,067
2a	2,281	2,103
2b	1,851	1,696
3a	1,542	1,423
3b	1,311	1,223
4a	1,134	1,054
4b	0,992	0,916
5a	0,879	0,810
5b	0,779	0,723
6a	0,700	0,649
6b	0,631	0,589
7a	0,570	0,539

Die Ermittlung der Massenzuwüchse über die Zuwachsprozente ist verhältnismäßig einfach. Bei Vorliegen der mittleren Radialzuwüchse der Stärkestufe wird für diese in einer Tabelle das Zuwachsprozent abgelesen und mit der Masse der Stärkestufe der Massenzuwachs berechnet.

Zur Überprüfung der Massenzuwachsberechnung bei summarischer Bearbeitung mehrerer Flächen verschiedener Ertragsklassen und Bestockungsdichten wurden 24 Versuchsflächen der Abteilung Ertragskunde des Instituts für Forstwissenschaften in Eberswalde herangezogen (Tab. 30, 31). Die gesamte Masse dieser 24 verschiedenen Flächen beträgt 874,20 fm. Bei einzelflächenweiser Massenzuwachsberechnung mit Hilfe der von PRODAN (34) angegebenen Massenzuwachsprozente ergibt sich die Massenzuwachssumme von 90,96 fm. Die summarische Berechnung des Massenzuwachses dieser Flächen nach den Zuwachsprozenten des Waldhöhentarifes ergibt einen Massenzuwachs von 89,064 fm. Verwendet man die PRODANschen Zuwachsprozente für die Mittelstämme der Stärkestufen — anstatt für die der Bestände —, so errechnet sich ein Massenzuwachs von 95,382 fm.

Von dem als „wahr" anzusehenden Wert, der Summe der Einzelzuwüchse, weichen die beiden summarischen Berechnungen um + 4,9% bei PRODAN und um — 2,1% beim Waldhöhentarif ab.

ZUSAMMENFASSUNG

In der vorliegenden Arbeit wurde der Versuch unternommen, die gebräuchlichsten Tarifverfahren zu analysieren und ihre wechselseitigen Beziehungen darzulegen.
Weiter wird ein neues Tarifsystem — das Waldhöhentarifsystem — vorgeschlagen, mit dessen Hilfe neben Massenberechnungen auch Zuwachsberechnungen und Bonitierungen nach beliebigen Ertragstafeln vorgenommen werden können.
Massenberechnungen werden mit Hilfe eines einheitlichen Höhentarifes und der Massentarife für Laub- und Nadelholz bzw. der Holzarten durchgeführt.
Der Zuwachs kann über die Massendifferenzen, also unmittelbar in fm, oder mit Hilfe der aus diesen Massendifferenzen errechneten Zuwachsprozente berechnet werden. Die Bonitierung wird mit dem durch Alterslinien erweiterten Höhentarif vorgenommen.

РЕЗЮМЕ

Предлагаемая работа пытается анализировать наиболее употребляемые тарифные способы и изложить их взаимные отношения.

Кроме того предлагается новая тарифная система — система высотного тарифа леса (Waldhöhentarife) — с помощью которой помимо определения запаса возможны определение прироста и бонитировка по любым таблицам хода роста.

Определение запаса производится с помощью единого высотного тарифа и тарифов массы по лиственному и хвойному дереву или по древесным породам.

Прирост может быть исчислен разницами масс, т. е. непосредственно в плотных кубометрах или вычисленным из этих разниц масс процентами прироста. Бонитировка проводится по высотному тарифу, расширенному линиями возраста.

SUMMARY

In the present paper it is being attempted to analyse the most usual processes of tariff and to explain their mutual relations.
Moreover a new system of tariffs — the system of the forest height tariff — is suggested by which in addition to mass calculations also increment calculations and site classifications can be made according to any yield table.
Mass calculations are made by the aid of an uniform height tariff and mass tariffs for deciduous and coniferous trees resp. wood species.
The increment can be calculated by the mass differences, i e. directly in cubic meter of solid timber (German abbr. fm) or by means of the increment percentage calculated from the mass differences. Site classification is done with the height tariff extended by age lines.

LITERATURVERZEICHNIS

(1) ADRIAN, A.: Barème forestier. Nancy 1951.

(2) ALGAN, H.: Tarifs de cubage. Société forestière des Franches Comté et Belfort 1901, Heft 1.

(3) ASSMANN, E.: Die Verlagerung der Höhenkurven von Plenterwaldflächen und ihre Ursachen. Allgem. Forst- u. Jagdztg. 1953, **124**, 175.

(4) BAUR, F.: Formzahlen- und Massentafeln der Fichte. Verl. Parey, Berlin 1890.

(5) BIOLLEY, H.: Forsteinrichtung auf der Grundlage der Erfahrung und insbesondere das Kontrollverfahren. Gebr. Attinger, Neuchâtel 1923.

(6) BAUR, FR.: Die Roteiche. J. D. Sauerländer's Verl., Frankfurt/Main 1953.

(7) DIETERICH, V.: Unstimmigkeiten der Bonitierung. Forstarchiv 1942, **17**, 158.

(8) ETTER, H.: Zur Theorie der Waldbonitierung. Schweizer Zeitschrift für Forstwesen 1950, **101**, 137.

(9) EICHHORN, F.: Ertragstafel für die Weißtanne 1902. Verl. Springer, Berlin 1902.

(10) ERTELD, W.: Wachstum und Ertrag der Robinie im Gebiet der Deutschen Demokratischen Republik. Deutscher Bauernverlag, Berlin 1952.

(11) FLURY, PH.: Über den Aufbau des Plenterwaldes. Mitt. f. d. Schweizer Zentralstelle f. d. forstl. Versuchswesen 1929, **15**, 305.

(12) GRUNDNER-SCHWAPPACH: Massentafel für Ermittlung des Holzgehaltes stehender Waldbäume. Verlag Parey, Berlin 1907.

(13) GEHRHARDT, E.: Ertragstafel für reine und gleichaltrige Hochwaldbestände von Eiche, Buche, Tanne, Fichte, Kiefer, grüner Douglasie und Lärche 1930. Verlag Springer, Berlin 1930.

(14) GEBAUER: Die forstliche Bonitierung der Waldbestände. Sudet. Forst- und Jagdzeitung 1937, **37**, 129.

(15) KNUCHEL, H.: Planung und Kontrolle im Forstbetrieb. J. D. Sauerländer's Verlag Frankfurt/Main 1950.

(16) KRENN, K.: Tarife zur Massenberechnung von Beständen. Schriftenreihe d. Bad. forstl. Versuchsanstalt 1948/6.

(17) KRUTZSCH-LOETSCH: Holzvorratsinventur und Leistungsprüfung im naturgemäßen Wirtschaftswald. Neumann Verlag, Berlin 1938.

(18) KRUTZSCH, H.: Stamminhalts- und Zuwachspotenztafeln 1950. Unveröffentlicht.

(19) KRUTZSCH, H.: Mitteilungen und Anregungen zur Frage neuer Ertragstafeln für den Gebrauch bei der Sächs. Forsteinrichtungsanstalt. Tharandter Jahrbuch 1923, **74**, 183, 216.

(20) LOETSCH, F.: Entwicklungsmöglichkeiten mitteleuropäischer Holzvorratsinventurmethoden. Zeitschrift für Weltforstwirtschaft 1952/2, **15**, 41.

(21) LOETSCH, F.: Der Einfluß von Höhenstufen und Holzarten auf einen einheitlichen Massentarif bei mitteleuropäischen Waldvorratsinventuren. Zeitschrift für Weltforstwirtschaft 1952/5, **15**, 185.

(22) LOETSCH, F.: Massenzuwachsermittlung durch Bohrspanproben unter Anwendung mathematisch-statistischer Methoden. Zeitschrift für Weltforstwirtschaft 1953/3, **16**, 77.

(22a) LOETSCH, F.: Das Tarifdifferenzverfahren zur Zuwachsermittlung. Schweizer Zeitschrift für Forstwesen 1954, **105**, 207, 276.

(23) v. LAER, W.: Massenberechnungstafeln für Holzvorratsaufnahmen. Verlag Parey, Berlin 1936.

(24) v. LAER, W.: Formhöhenreihen (Ergänzungsband zu den „Massenberechnungstafeln"). Verlag Parey, Berlin 1938.

(25) v. LAER/SPIECKER: Massenberechnungstafeln zur Ermittlung von Vorrat und Zuwachs von Waldbeständen. J. D. Sauerländer's Verlag Frankfurt/Main 1951.

(26) LOMBARD, F.: Cubage sur pied par la forme de la tige. Unveröffentlicht.

(27) MITSCHERLICH, G.: Der Tannen-Fichten-(Buchen)-Plenterwald. Schriftenreihe der Bad. Forstl. Versuchsanstalt 1952/8.

(28) MEYER, A.: Sur la construktion des tarifs de cubage. Revue forestière française 1949/4.

(29) MUDRA, A.: Einführung in die Methodik der Feldversuche. S. Hirzel Verlag, Leipzig 1952.

(30) OSTWALD, H.: Vorschläge für einheitliche Ertragsklassen. Der deutsche Forstwirt 1942, **24**, 9.

(31) OSTWALD, H.: Zur Frage der Schaffung eines einheitlichen forstlichen Bonitierungsmaßstabes und eines einheitlichen Höhenklassenschemas für den europäischen Wirtschaftsraum. Zeitschrift für Weltforstwirtschaft 1950, **13**, 125.

(32) PRODAN, M.: Messung der Waldbestände. J. D. Sauerländer's Verlag Frankfurt/Main 1951.

(33) PRODAN, M.: Normalisierung des Plenterwaldes. Schriftenreihe der Bad. Forst. Versuchsanstalt 1949/7.

(34) PRODAN, M.: Die Bestimmung des Massenzuwachses von Beständen mit Hilfe des Massenzuwachsprozentes. Forstl. Centralblatt 1949, **68**, 292.

(35) PESCHEL, W.: Die mathematischen Methoden zur Herleitung der Wachstumsgesetze von Baum und Bestand und die Ergebnisse ihrer Anwendung. Tharandter Jahrbuch 1938, **89**, 169.

(35a) RICHTER, A., GROSSMANN, H., THIELE, H.: Zur Frage der Zuwachsermittlung mit Hilfe von Bohrspanproben. Archiv f. Forstwesen 1956, **5**, 104.

(35b) RICHTER, A., SCHAUER, W., THIELE, H.: Untersuchungen über die Beziehungen zwischen Vorrats- und Erntefestmeter für die Kiefer. Archiv f. Forstwesen 1954, **3**, 206.

(36) ROSENBERG, W. A.: Massentafeln für Jungbestände. Sowjetische Zeitschrift „Die Forstwirtschaft" 1952/6.

(37) SCHOBER, R.: Stand und Aufgaben der forstlichen Ertragskunde. Mitt. aus Forstwirtschaft u. Forstwissenschaft 1942, **13**, 89.

(38) SCHAEFFER, L.: Tarifs rapides et tarifs lents. Revue forestière française 1949, Heft 1.

(39) SCHAEFFER, L.: Notes sur les tarifs de cubage. Revue forestière française 1948, Heft 4.

(40) SCHAEFFER, L.: Gamme de barèmes à double entrée pour le cubage du tronc des arbres sur pied. Barème forestier 1951. Editions Berger-Levrault.

(41) SCHWAPPACH, A.: Formzahlen und Massentafeln der Kiefer. Verlag Parey, Berlin 1890.

(42) TRETJAKOW, N. W.: Handbuch des Taxators. Moskau 1952.

(43) TANNER: Schweizerischer Forstkalender 1948. Verlag Huber & Co., Frauenfeld.

(44) Thür. Forsteinrichtungsamt: Betriebswerk des Gemeindewaldes Keula.

(45) WIEDEMANN, E.: Über die Vereinfachung der Höhenermittlung bei der Vorratsaufnahme, Mitt. aus Forstwirtschaft u. Forstwissenschaft 1936, **7**, 387.

(46) WIEDEMANN, E.: Ertragskundliche und waldbauliche Grundlagen der Forstwirtschaft. J. D. Sauerländer's Verlag, Frankfurt/Main 1951.

(47) WIEDEMANN, E.: Vorschläge für einheitliche Ertragsklassen. Der deutsche Forstwirt 1941, **23**, 313.
(48) WIEDEMANN, E.: Vorschläge für einheitliche Ertragsklassen. Der deutsche Forstwirt 1942, **24**, 309.
(49) WIEDEMANN, E.: Die Brauchbarkeit des verglichenen Durchmessers als Weiser für die Standortsgüte. Zeitschr. f. Forst- u. Jagdw. 1930, **62**, 797.
(50) WIEDEMANN, E.: Untersuchungen der Preuß. Versuchsanstalt über Ertragstafelfragen. Mitt. aus Forstwirtschaft u. Forstwissenschaft 1939, **10**, 401.
(51) WIEDEMANN, E.: Ertragstafeln der wichtigsten Holzarten 1949. Verlag Schaper, Hannover 1949.
(52) WECK, J.: Beiträge zum Problem der vergleichbaren Güteklassenbestimmung nach Bestockungsmerkmalen. Tharandter Forstliches Jahrbuch 1939, **90**, 319.
(53) WECK, J.: Forstliche Zuwachs- und Ertragskunde. Verlag Neumann, Berlin 1948.
(54) WECK, J.: Über die Brauchbarkeit von Wachstumsgesetzen als diagnostisches Hilfsmittel der Waldwachstumskunde. Forstwissenschaftliches Centralblatt 1950, **69**, 584.
(55) WECK, J.: Anwendung von Wuchsgesetzen als Methode der forstlichen Zuwachsforschung. Allgem. Forstzeitschrift 1953, **8**, 39.
(56) WOBST, A.: Vorschläge für einheitliche Ertragsklassen. Der Deutsche Forstwirt 1942, **24**, 341.
(57) ZIMMERLE, H.: Die Plenterwaldversuchsflächen in Württemberg. Mitt. der Württemberg. forstl. Versuchsanstalt 1937, **2**, 91.

Folgende Veröffentlichungen sind bereits über den „Waldhöhentarif" erschienen:

KRÄUTER, Günter:
(58) Einiges über Holzmassentarife und den Waldhöhentarif. Der Wald 1953, **3**, 234.
(59) Untersuchung über Aufbau und Leistung eines Fichtenbestandes. Forst und Jagd 1954, **4**, 332.
(60) Zum Waldhöhentarif. Forst und Jagd 1955, **5**, 167.
(61) Das Waldhöhentarif-System (Autorreferat). Archiv für Forstwesen 1955, **4**, 226.
(62) Waldhöhentarif und Zuwachsermittlung. Forst und Jagd 1956, **6**, 129.
(63) Zu einigen Fragen der Massenzuwachsermittlung. Archiv für Forstwesen 1956, **5**, 753.

TABELLENANHANG

Beispiel für die Anwendung des Waldhöhentarifsystems, erläutert an einem Fichtenbestand

a) Bestandesübersicht

Ø Stufe	Mittelwert	N	Höhenmessung d	Höhenmessung h	Z_r mm
1	2	3	4	5	6
1a	12,5	2			} 0,41
1b	17,5	6			
2a	22,5	34	22	18	0,61
			24	18	
2b	27,5	51	28	20	1,30
			29	22	
3a	32,5	55	33	23	1,52
			34	23	
3b	37,5	26	36	19	2,23
			37	23	
4a	42,5	27	44	25	} 1,67
			43	25	
4b	47,5	1			
		202			

Erläuterung: Die Bestandesübersicht gibt die Daten eines Bestandes an: Die Spalten 1 und 2 die Durchmesserstufen, 3 die Stammzahlen der Stärkestufen, 4 und 5 die Höhendurchmessermessungen, 6 die gemittelten Radialzuwüchse der Durchmesserstufen.

b) Tarifbestimmung

Ø Stufe	Höhenmessung d	Höhenmessung h	d in dcm	Tarif	Spalte 4a × 4b
1	2	3	4a	4b	5
4a	43	25	4	7	28
	44	25	4	7	28
3b	37	23	3	7	21
	36	19	3	5	15
3a	34	23	3	8	24
	33	23	3	8	24
2b	29	22	2	8	16
	28	20	2	7	14
	170 : 24 = 7,08 also Tarif 7		24		170

Erläuterung: Die Tarifberechnung (mit Hilfe des Höhentarifes) ermittelt den mittleren Höhentarif des Bestandes als gewogenes arithmetisches Mittel aus 8—10 Höhendurchmesser-Messungen an Stämmen der oberen 4 Stärkestufen des Bestandes (siehe Höhentarif).

c) Massenberechnung (Massentarif: Nadelholz)

∅ Stufe	N	Masse in fm
1	2	3
Tarif: 7		
1a	2	0,15
1b	6	1,10
2a	34	11,76
2b	51	28,76
3a	55	47,09
3b	26	30,71
4a	27	42,90
4b	1	2,04
	202	164,51 fm

Erläuterung: Aus den Massentarifen ist die Vorratsmasse für den errechneten Höhentarif stärkestufenweise zu entnehmen (siehe Massentarif).

d) Zuwachsberechnung nach Massendifferenzen

N	Massen-differenzen	Z_r in cm	Spalte 2 × 3
1	2	3	4
	Zuwachstarif D_N		
2	0,09	0,041 (für 2 und 6)	0,018 (für 2 und 6)
6	0,36		
34	2,55	0,061	0,156
51	5,10	0,130	0,663
55	6,88	0,152	1,046
26	3,90	0,223	0,870
27	4,73	0,167 (für 27 und 1)	0,823 (für 27 und 1)
1	0,20		
			3,576 fm

Erläuterung: Aus Zuwachstarifen sind die Massendifferenzen stärkestufenweise zu entnehmen. Diese werden mit den Radialzuwüchsen der Stärkestufen multipliziert und ergeben die Massenzuwüchse der Stärkestufen.

e) Zuwachsberechnung nach Zuwachsprozenten

∅ Stufe	Z_r in mm	Z_p	Masse	Spalte 3 × 4
1	2	3	4	5
1a 1b	0,41	1,25	1,25	0,016
2a	0,61	1,30	11,76	0,153
2b	1,30	2,20	28,76	0,633
3a	1,52	2,20	47,09	1,036
3b	2,23	2,70	30,71	0,829
4a 4b	1,67	1,75	42,90 2,04	0,786
				3,453 fm

Erläuterung: Der Massenzuwachs kann über das mit Hilfe des Waldhöhentarifes ermittelte Zuwachsprozent errechnet werden. Für den Radialzuwachs einer Stärkestufe ergibt sich ein Zuwachsprozent, das durch Multiplikation mit der ermittelten Masse der Stärkestufe den Massenzuwachs der Stärkestufe errechnen läßt (siehe Zuwachstarif).

f) Bonitierung nach Fichtenertragstafel WIEDEMANN mäßige Durchforstung 1936/42

∅ Stufe des Kreisflächenmittelstammes	Tarif	Alter	Bonität
1	2	3	4
3a (32, 5cm) (21, 5 m Höhe)	7	75	II,6
nach Ertragstafel	Höhe 21,5	75	II,7

Erläuterung: Über der Stärkestufe des Kreisflächenmittelstammes wird mit Hilfe des mittleren Höhentarifes und der Alterslinien die relative Bonität ermittelt.
Das Beispiel zeigt Fichtenertragstafel WIEDEMANN mäßige Durchforstung 1936/42, Alter 75 Jahre, Höhentarif 7, Mitteldurchmesser 32,5 cm. Die gestrichelte Linie (Anlage) zeigt das Vorgehen bei der Ertragsklassenbestimmung: Über dem Mitteldurchmesser wird der Höhenwert im berechneten Höhentarif aufgesucht. Der Höhenwert wird nicht abgelesen, sondern parallel zur Abszisse (waagerecht) bis zur entsprechenden Alterslinie verschoben. Der Schnittpunkt des waagerecht verschobenen Höhenwertes mit der Alterslinie läßt in Verbindung mit den beiden Bonitätslinien die Ertragsklasse des Bestandes schätzen.
Bei bekannter Mittelhöhe und bekanntem Alter kann die Bonitierung wie mit dem Ertragstafeldiagramm durchgeführt werden:
Nach Aufsuchen der Mittelhöhe am linken Rand des Diagramms findet man die Bonität bei gleicher Höhe auf der entsprechenden Alterslinie (siehe Bonitierungsschema).

Zeichenerklärung für die Tabellen:

∅-Stufe	= Durchmesserstufe	Z_p	= Zuwachsprozent
N	= Stammzahl	d	= Durchmesser
Z_r	= Radialzuwachs	h	= Höhe

WALDHÖHENTARIF

Höhe	Durchmesser 10	11	12	13	14	15	16	17	18	19	20	21	22	23	24	25	26	27	28	29	30
5	1																				
	1																				
6	1																				
	1	1																			
7	2	2	1																		
	2	2	2	1	1																
8	3	2	2	2	2	1															
	3	3	2	2	2	2	1	1													
9	4	3	3	3	2	2	2	2	1	1											
	4	4	3	3	3	2	2	2	2	2	1	1	1								
10	5	4	4	3	3	3	2	2	2	2	2	2	2	1	1						
	6	5	4	4	3	3	3	3	2	2	2	2	2	2	2	1	1	1			
11	7	6	5	4	4	4	3	3	3	3	2	2	2	2	2	2	2	2	1	1	1
	8	7	6	5	4	4	4	3	3	3	3	2	2	2	2	2	2	2	2	2	2
12	9	7	6	6	5	4	4	4	3	3	3	3	3	2	2	2	2	2	2	2	2
	9	8	7	6	5	5	4	4	4	4	3	3	3	3	3	2	2	2	2	2	2
13	10	9	8	7	6	5	5	5	4	4	4	3	3	3	3	3	3	3	2	2	2
	11	10	9	8	7	6	5	5	5	4	4	4	4	3	3	3	3	3	3	3	3
14	12	11	9	8	8	7	6	5	5	5	4	4	4	4	4	3	3	3	3	3	3
	13	11	10	9	8	7	7	6	6	5	5	5	4	4	4	4	3	3	3	3	3
15	14	12	11	10	9	8	7	7	6	6	5	5	5	4	4	4	4	4	4	3	3
		13	12	11	10	9	8	7	7	6	6	5	5	5	5	4	4	4	4	4	4
16		14	13	11	10	9	9	8	7	7	6	6	5	5	5	5	4	4	4	4	4
			13	12	11	10	9	8	8	7	7	6	6	6	5	5	5	5	4	4	4
17			14	13	12	11	10	9	8	8	7	7	6	6	6	5	5	5	5	5	4
				14	12	11	10	10	9	8	8	7	7	6	6	6	6	5	5	5	5
18				14	13	12	11	10	10	9	8	8	7	7	7	6	6	6	5	5	5
					14	13	12	11	10	9	9	8	8	7	7	7	6	6	6	6	5
19					14	13	12	11	11	10	9	9	8	8	7	7	7	6	6	6	6
						14	13	12	11	10	10	9	9	8	8	7	7	7	7	6	6
20							14	13	12	11	10	10	9	9	8	8	8	7	7	7	6
								13	12	12	11	10	10	9	9	8	8	8	7	7	7
21								14	13	12	11	11	10	10	9	9	8	8	8	7	7
									14	13	12	11	11	10	10	9	9	8	8	8	8
22										13	13	12	11	11	10	10	9	9	8	8	8
										14	13	12	12	11	11	10	10	9	9	8	8
23											14	13	12	12	11	10	10	10	9	9	9
												13	13	12	11	11	10	10	10	9	9
24												14	13	13	12	11	11	10	10	10	9
													14	13	12	12	11	11	10	10	10
25														14	13	12	12	11	11	10	10
														14	13	13	12	12	11	11	10
26															14	13	13	12	12	11	11
																14	13	13	12	12	11
27																	14	13	13	12	12
																		14	13	12	12
28																			13	13	12
																			14	13	13
29																				14	13
																					14
30																					

Höhe	Durchmesser 31	32	33	34	35	36	37	38	39	40	41	42	43	44	45	46	47	48	49	50
11	1	1																		
	2	1	1	1	1	1	1													
12	2	2	2	2	2	2	1	1	1	1	1									
	2	2	2	2	2	2	2	2	2	2	2	2	2	2	2	1	1	1	1	1
13	2	2	2	2	2	2	2	2	2	2	2	2	2	2	2	2	2	2	2	2
	2	2	2	2	2	2	2	2	2	2	2	2	2	2	2	2	2	2	2	2
14	3	3	3	2	2	2	2	2	2	2	2	2	2	2	2	2	2	2	2	2
	3	3	3	3	3	3	3	3	3	2	2	2	2	2	2	2	2	2	2	2
15	3	3	3	3	3	3	3	3	3	3	3	3	3	3	3	3	3	3	3	3
	4	3	3	3	3	3	3	3	3	3	3	3	3	3	3	3	3	3	3	3
16	4	4	4	3	3	3	3	3	3	3	3	3	3	3	3	3	3	3	3	3
	4	4	4	4	4	4	4	3	3	3	3	3	3	3	3	3	3	3	3	3
17	4	4	4	4	4	4	4	4	4	4	4	3	3	3	3	3	3	3	3	3
	5	5	4	4	4	4	4	4	4	4	4	4	4	4	4	4	4	4	4	4
18	5	5	5	5	4	4	4	4	4	4	4	4	4	4	4	4	4	4	4	4
	5	5	5	5	5	5	5	4	4	4	4	4	4	4	4	4	4	4	4	4
19	6	5	5	5	5	5	5	5	5	5	5	4	4	4	4	4	4	4	4	4
	6	6	6	5	5	5	5	5	5	5	5	5	5	5	5	5	5	5	4	4
20	6	6	6	6	6	5	5	5	5	5	5	5	5	5	5	5	5	5	5	5
	7	6	6	6	6	6	6	6	5	5	5	5	5	5	5	5	5	5	5	5
21	7	7	7	6	6	6	6	6	6	6	5	5	5	5	5	5	5	5	5	5
	7	7	7	7	7	6	6	6	6	6	6	6	6	6	6	5	5	5	5	5
22	8	7	7	7	7	7	7	6	6	6	6	6	6	6	6	6	6	6	6	6
	8	8	8	7	7	7	7	7	7	6	6	6	6	6	6	6	6	6	6	6
23	8	8	8	8	7	7	7	7	7	7	7	7	6	6	6	6	6	6	6	6
	9	8	8	8	8	8	7	7	7	7	7	7	7	7	7	6	6	6	6	6
24	9	9	8	8	8	8	8	8	7	7	7	7	7	7	7	7	7	7	6	6
	9	9	9	9	8	8	8	8	8	8	7	7	7	7	7	7	7	7	7	7
25	10	9	9	9	9	8	8	8	8	8	8	8	7	7	7	7	7	7	7	7
	10	10	10	9	9	9	9	8	8	8	8	8	8	8	8	7	7	7	7	7
26	10	10	10	10	9	9	9	9	8	8	8	8	8	8	8	8	8	8	7	7
	11	10	10	10	10	9	9	9	9	9	8	8	8	8	8	8	8	8	8	8
27	11	11	11	10	10	10	9	9	9	9	9	9	8	8	8	8	8	8	8	8
	12	11	11	11	10	10	10	10	9	9	9	9	9	9	9	8	8	8	8	8
28	12	12	11	11	11	10	10	10	10	9	9	9	9	9	9	9	9	8	8	8
	12	12	12	11	11	11	10	10	10	10	10	9	9	9	9	9	9	9	9	9
29	13	12	12	12	11	11	11	10	10	10	10	10	10	9	9	9	9	9	9	9
	13	13	12	12	12	11	11	11	11	10	10	10	10	10	10	9	9	9	9	9
30	14	13	13	12	12	12	12	11	11	11	11	10	10	10	10	10	10	9	9	9
	14	14	13	13	12	12	12	12	11	11	11	11	10	10	10	10	10	10	10	10
31		14	14	13	13	12	12	12	12	11	11	11	11	11	10	10	10	10	10	10
				14	13	13	12	12	12	12	12	11	11	11	11	11	10	10	10	10
32					14	13	13	13	12	12	12	12	11	11	11	11	11	11	10	10
						14	13	13	13	12	12	12	12	11	11	11	11	11	11	11
33							14	13	13	13	12	12	12	12	12	11	11	11	11	11
								14	13	13	13	12	12	12	12	12	12	11	11	11
34									14	13	13	13	13	12	12	12	12	12	12	11
										14	13	13	13	13	12	12	12	12	12	12
35												14	13	13	13	13	12	12	12	12
													14	13	13	13	13	13	12	12
36														14	13	13	13	13	13	12
																14	13	13	13	13
37																	14	13	13	13
																			14	13
38																				14

Höhe	Durchmesser																			
	51	52	53	54	55	56	57	58	59	60	61	62	63	64	65	66	67	68	69	70
11																				
12																				
	1																			
13	2																			
	2																			
14	2																			
	2																			
15	3	3	3	3	3	2	2	2	2	2	2									
	3																			
16	3																			
	3																			
17	3																			
	4	4	4	4	4	4	4	4	4	3	3									
18	4																			
	4																			
19	4																			
	4																			
20	5	5	5	5	5	5	5	5	5	5	4									
	5																			
21	5																			
	5																			
22	5																			
	6	6	6	6	6	6	6	6	6	6	6	6	6	6	6	5				
23	6																			
	6																			
24	6																			
	7	7	6	6	6	6	6	6	6	6	6	6	6	6	6	6				
25	7	7	7	7	7	7	7	7	7	7	7	7	7	7	7	6				
	7	7	7	7	7	7	7	7	7	7	7	7	7	7	7	7				
26	7	7	7	7	7	7	7	7	7	7	7	7	7	7	7	7				
	8	7	7	7	7	7	7	7	7	7	7	7	7	7	7	7				
27	8	8	8	8	8	7	7	7	7	7	7	7	7	7	7	7				
	8	8	8	8	8	8	8	8	8	8	8	8	8	8	8	8	8	8	8	8
28	8	8	8	8	8	8	8	8	8	8	8	8	8	8	8	8	8	8	8	8
	8	8	8	8	8	8	8	8	8	8	8	8	8	8	8	8	8	8	8	8
29	9	9	9	9	8	8	8	8	8	8	8	8	8	8	8	8	8	8	8	8
	9	9	9	9	9	9	9	9	9	8	8	8	8	8	8	8	8	8	8	8
30	9	9	9	9	9	9	9	9	9	9	9	9	9	9	9	9	9	9	9	9
	9	9	9	9	9	9	9	9	9	9	9	9	9	9	9	9	9	9	9	9
31	10	10	9	9	9	9	9	9	9	9	9	9	9	9	9	9	9	9	9	9
	10	10	10	10	10	10	9	9	9	9	9	9	9	9	9	9	9	9	9	9
32	10	10	10	10	10	10	10	10	10	9	9	9	9	9	9	9	9	9	9	9
	10	10	10	10	10	10	10	10	10	10	10	10	10	10	10	10	10	10	10	10
33	11	11	10	10	10	10	10	10	10	10	10	10	10	10	10	10	10	10	10	10
	11	11	11	11	11	10	10	10	10	10	10	10	10	10	10	10	10	10	10	10
34	11	11	11	11	11	11	11	11	11	10	10	10	10	10	10	10	10	10	10	10
	12	11	11	11	11	11	11	11	11	11	11	11	11	11	10	10	10	10	10	10
35	12	12	12	11	11	11	11	11	11	11	11	11	11	11	11	11	11	11	11	11
	12	12	12	12	12	12	11	11	11	11	11	11	11	11	11	11	11	11	11	11
36	12	12	12	12	12	12	12	12	12	11	11	11	11	11	11	11	11	11	11	11
	13	12	12	12	12	12	12	12	12	12	12	12	11	11	11	11	11	11	11	11
37	13	13	13	12	12	12	12	12	12	12	12	12	12	12	12	12	12	12	12	11
	13	13	13	13	13	13	12	12	12	12	12	12	12	12	12	12	12	12	12	12
38	13	13	13	13	13	13	13	13	12	12	12	12	12	12	12	12	12	12	12	12
		14	13	13	13	13	13	13	13	13	13	12	12	12	12	12	12	12	12	12
39				14	13	13	13	13	13	13	13	13	13	13	13	12	12	12	12	12
						14	13	13	13	13	13	13	13	13	13	13	13	13	13	12
40								14	13	13	13	13	13	13	13	13	13	13	13	13
											14	13	13	13	13	13	13	13	13	13
41													14	13	13	13	13	13	13	13
																	14	13	13	13

Höhe	Durchmesser 71	72	73	74	75	76	77	78	79	80	81	82	83	84	85	86	87	88	89	90
26																				
27																				
	7																			
28	8																			
	8																			
29	8																			
	8																			
30	9	9	9	9	9	8														
	9	9	9	9	9	9														
31	9	9	9	9	9	9														
	9	9	9	9	9	9														
32	9	9	9	9	9	9														
	9	9	9	9	9	9														
33	10	10	10	10	10	10														
	10	10	10	10	10	10														
34	10	10	10	10	10	10														
	10	10	10	10	10	10														
35	11	11	11	11	11	11	11	11	11	11	10									
	11	11	11	11	11	11	11	11	11	11										
36	11	11	11	11	11	11	11	11	11	11										
	11	11	11	11	11	11	11	11	11	11										
37	11	11	11	11	11	11	11	11	11	11										
	12	12	12	12	12	12	12	12	12	11										
38	12	12	12	12	12	12	12	12	12	12										
	12	12	12	12	12	12	12	12	12	12										
39	12	12	12	12	12	12	12	12	12	12										
	12	12	12	12	12	12	12	12	12	12										
40	13	13	13	13	13	13	13	13	13	12										
	13	13	13	13	13	13	13	13	13	13										
41	13	13	13	13	13	13	13	13	13	13										
	13	13	13	13	13	13	13	13	13	13										
42	14	13	13	13	13	13	13	13	13	13										
									14	13										
43										14										

Einzelstamm-Massen der Laubhölzer nach dem Waldhöhentarif

	0		1		2		3		4		5		6		7		8		9	
	b	b	a	b	a	b	a	b	a	b	a	b	a	b	a	b	a	b	a	b
	7,5	8,5	12,5	17,5	22,5	27,5	32,5	37,5	42,5	47,5	52,5	57,5	62,5	67,5	72,5	77,5	82,5	87,5	92,5	97,5
1	0,005	0,007	0,038	0,106	0,207	0,327	–	–	–	–	–	–	–	–	–	–	–	–	–	–
2	0,008	0,010	0,042	0,118	0,235	0,386	0,581	0,806	1,050	–	–	–	–	–	–	–	–	–	–	–
3	0,011	0,013	0,050	0,130	0,251	0,422	0,639	0,905	1,220	1,559	–	–	–	–	–	–	–	–	–	–
4	0,011	0,015	0,057	0,145	0,283	0,469	0,714	1,005	1,348	1,737	2,165	2,623	3,098	3,614	4,169	–	–	–	–	–
5	0,012	0,015	0,062	0,159	0,310	0,517	0,780	1,115	1,504	1,931	2,425	2,935	3,467	4,043	4,664	5,330	6,041	6,795	–	–
6	0,012	0,016	0,065	0,169	0,330	0,552	0,838	1,203	1,632	2,126	2,663	3,246	3,835	4,473	5,160	5,896	6,683	7,516	–	–
7	0,013	0,017	0,069	0,178	0,350	0,588	0,905	1,303	1,788	2,321	2,901	3,558	4,234	4,938	5,697	6,509	7,377	8,298	9,274	10,303
8	0,014	0,018	0,074	0,188	0,370	0,624	0,963	1,391	1,901	2,499	3,161	3,896	4,663	5,474	6,316	7,217	8,179	9,200	10,284	11,423
9	0,014	0,018	0,077	0,200	0,394	0,671	1,038	1,501	2,058	2,693	3,399	4,181	5,032	5,939	6,894	7,877	8,928	10,042	11,222	12,468
10	0,015	0,019	0,081	0,212	0,418	0,719	1,112	1,612	2,199	2,871	3,637	4,493	5,430	6,405	7,430	8,538	9,676	10,884	12,163	13,513
11	0,016	0,020	0,086	0,224	0,438	0,748	1,162	1,667	2,299	3,012	3,854	4,753	5,768	6,834	7,967	9,151	10,371	11,665	13,037	14,484
12	0,017	0,022	0,090	0,231	0,458	0,778	1,204	1,744	2,412	3,172	4,027	4,986	6,075	7,228	8,462	9,717	11,013	12,387	13,843	15,380
13	0,017	0,022	0,092	0,239	0,478	0,820	1,262	1,833	2,526	3,314	4,243	5,298	6,443	7,657	8,958	10,330	11,708	13,168	14,717	16,351
14	0,017	0,022	0,098	0,521	0,498	0,849	1,320	1,921	2,639	3,473	4,417	5,506	6,719	8,015	9,412	10,849	12,403	13,950	15,590	17,321

Einzelstamm-Massen der Nadelhölzer nach dem Waldhöhentarif

	0		1		2		3		4		5		6		7		8		9	
	b	b	a	b	a	b	a	b	a	b	a	b	a	b	a	b	a	b	a	b
	7,5	8,5	12,5	17,5	22,5	27,5	32,5	37,5	42,5	47,5	52,5	57,5	62,5	67,5	72,5	77,5	82,5	87,5	92,5	97,5
1	0,007	0,009	0,037	0,094	0,171	0,261	0,365	0,486	–	–	–	–	–	–	–	–	–	–	–	–
2	0,008	0,011	0,044	0,111	0,215	0,350	0,506	0,684	0,880	–	–	–	–	–	–	–	–	–	–	–
3	0,011	0,014	0,053	0,133	0,247	0,398	0,581	0,795	1,050	1,311	–	–	–	–	–	–	–	–	–	–
4	0,012	0,015	0,059	0,149	0,283	0,451	0,664	0,905	1,192	1,506	1,840	–	–	–	–	–	–	–	–	–
5	0,013	0,016	0,065	0,164	0,310	0,493	0,722	0,994	1,320	1,683	2,078	2,493	–	–	–	–	–	–	–	–
6	0,014	0,018	0,069	0,171	0,322	0,529	0,780	1,093	1,476	1,878	2,317	2,779	3,283	–	–	–	–	–	–	–
7	0,015	0,019	0,073	0,183	0,346	0,564	0,838	1,181	1,589	2,038	2,511	3,013	3,559	4,150	–	–	–	–	–	–
8	0,015	0,019	0,077	0,190	0,366	0,600	0,905	1,259	1,689	2,162	2,685	3,246	3,835	4,508	5,160	–	–	–	–	–
9	0,016	0,021	0,081	0,202	0,386	0,636	0,955	1,347	1,816	2,321	2,901	3,506	4,142	4,830	5,573	6,368	–	–	–	–
10	0,017	0,022	0,084	0,214	0,410	0,671	1,021	1,435	1,930	2,463	3,053	3,714	4,418	5,152	5,944	6,792	7,698	–	–	–
11	0,018	0,024	0,090	0,224	0,426	0,707	1,062	1,490	2,001	2,569	3,226	3,921	4,663	5,474	6,316	7,217	8,179	9,200	10,282	–
12	0,019	0,025	0,092	0,231	0,446	0,731	1,104	1,557	2,100	2,711	3,377	4,103	4,878	5,725	6,605	7,547	8,554	9,621	10,752	11,946
13	0,021	0,027	0,096	0,239	0,462	0,760	1,145	1,623	2,185	2,817	3,529	4,311	5,154	6,047	6,976	7,972	9,035	10,162	11,357	12,618
14	0,021	0,027	0,101	0,521	0,482	0,796	1,204	1,700	2,285	2,942	3,681	4,519	5,430	6,405	7,430	8,491	9,623	10,823	12,096	13,439

Fichte, Durchmesser cm

Tarif	7,0—9,9	10,0—14,9	15,0—19,9	20,0—24,9	25,0—29,9	30,0—34,9	35,0—39,9	40,0—44,9	45,0—49,9	50,0—54,9	55,0—59,9	60,0—64,9	65,0—69,9	70,0—74,9	75,0—79,9
	0b	1a	1b	2a	2b	3a	3b	4a	4b	5a	5b	6a	6b	7a	7b
1	0,01	0,04	0,09	0,17	0,26	—	—	—	—	—	—	—	—	—	—
2	0,01	0,05	0,12	0,22	0,35	—	—	—	—	—	—	—	—	—	—
3	0,01	0,06	0,14	0,25	0,41	—	—	—	—	—	—	—	—	—	—
4	0,01	0,06	0,16	0,29	0,46	0,67	0,91	—	—	—	—	—	—	—	—
5	0,02	0,07	0,17	0,32	0,50	0,74	1,00	1,31	—	—	—	—	—	—	—
6	0,02	0,07	0,19	0,34	0,54	0,80	1,10	1,43	1,79	2,17	—	—	—	—	—
7	0,02	0,08	0,20	0,36	0,58	0,86	1,19	1,56	1,95	2,36	2,80	3,22	—	—	—
8	0,02	0,08	0,20	0,39	0,63	0,92	1,27	1,67	2,11	2,58	3,06	3,53	4,01	—	—
9	0,02	0,09	0,22	0,41	0,67	0,99	1,37	1,82	2,29	2,79	3,30	3,84	4,37	4,91	—
10	0,02	0,09	0,23	0,44	0,71	1,06	1,48	1,94	2,45	2,99	3,53	4,11	4,72	5,33	5,94
11	0,03	0,10	0,24	0,46	0,75	1,11	1,55	2,04	2,59	3,16	3,77	4,42	5,08	5,74	6,46
12	0,03	0,10	0,25	0,48	0,77	1,15	1,61	2,14	2,71	3,33	4,00	4,69	5,44	6,23	6,93
13	0,03	0,10	0,26	0,50	0,81	1,21	1,68	2,23	2,84	3,51	4,21	4,97	5,80	6,65	7,45
14	0,03	0,11	0,27	0,52	0,84	1,27	1,76	2,33	2,98	3,70	4,44	5,22	6,08	6,98	7,88

Kiefer, Durchmesser cm

Tarif	7,0—9,9	10,0—14,9	15,0—19,9	20,0—24,9	25,0—29,9	30,0—34,9	35,0 39,9	40,0—44,9	45,0—49,9	50,0—54,9	55,0—59,9	60,0—64,9	65,0—69,9	70,0—74,9	75,0—79,9
	0b	1a	1b	2a	2b	3a	3b	4a	4b	5a	5b	6a	6b	7a	7b
1	0,01	0,03	—	—	—	—	—	—	—	—	—	—	—	—	—
2	0,01	0,04	0,11	0,21	0,36	0,54	—	—	—	—	—	—	—	—	—
3	0,01	0,05	0,13	0,25	0,40	0,61	0,86	1,15	—	—	—	—	—	—	—
4	0,02	0,06	0,14	0,27	0,45	0,68	0,95	1,26	1,61	—	—	—	—	—	—
5	0,02	0,06	0,16	0,30	0,49	0,73	1,03	1,39	1,77	2,23	2,70	—	—	—	—
6	0,02	0,06	0,16	0,32	0,52	0,78	1,12	1,50	1,95	2,45	2,96	3,56	—	—	—
7	0,02	0,07	0,17	0,33	0,55	0,83	1,18	1,62	2,09	2,62	3,22	3,87	—	—	—
8	0,02	0,07	0,18	0,35	0,58	0,88	1,25	1,70	2,22	2,79	3,43	4,14	4,87	—	—
9	0,02	0,08	0,19	0,37	0,61	0,93	1,32	1,80	2,34	2,94	3,61	4,36	5,12	5,90	—
10	0,02	0,08	0,20	0,39	0,65	0,99	1,40	1,90	2,46	3,10	3,79	4,57	5,40	6,23	7,12
11	0,02	0,08	0,21	0,41	0,68	1,02	1,45	1,99	2,57	3,23	3,95	4,76	5,65	6,56	7,50
12	0,03	0,09	0,22	0,42	0,69	1,05	1,51	2,06	2,68	3,36	4,10	4,94	5,83	6,81	7,78
13	0,03	0,09	0,22	0,43	0,72	1,10	1,58	2,14	2,76	3,49	4,26	5,12	6,08	7,10	8,16
14	0,03	0,09	0,23	0,45	0,75	1,15	1,64	2,21	2,87	3,59	4,44	5,34	6,33	7,39	8,49

Tanne, Durchmesser cm

Tarif	7,0—9,9	10,0—14,9	15,0—19,9	20,0—24,9	25,0—29,9	30,0—34,9	35,0—39,9	40,0—44,9	45,0—49,9	50,0—54,9	55,0—59,9	60,0—64,9	65,0—69,9	70,0—74,9	75,0—79,9
	0b	1a	1b	2a	2b	3a	3b	4a	4b	5a	5b	6a	6b	7a	7b
1	—	—	—	—	—	—	—	—	—	—	—	—	—	—	—
2	0,02	—	—	—	—	—	—	—	—	—	—	—	—	—	—
3	0,02	0,06	0,15	0,27	0,42	—	—	—	—	—	—	—	—	—	—
4	0,02	0,07	0,17	0,30	0,49	—	—	—	—	—	—	—	—	—	—
5	0,02	0,08	0,18	0,34	0,54	—	—	—	—	—	—	—	—	—	—
6	0,03	0,08	0,19	0,36	0,58	0,86	1,20	1,59	2,00	2,45	2,88	—	—	—	—
7	0,03	0,08	0,20	0,39	0,63	0,94	1,29	1,73	2,18	2,68	3,19	3,71	—	—	—
8	0,03	0,09	0,22	0,41	0,67	1,00	1,39	1,86	2,36	2,92	3,51	4,11	4,72	—	—
9	0,03	0,10	0,23	0,44	0,71	1,07	1,49	2,00	2,55	3,16	3,77	4,42	5,08	5,78	—
10	0,03	0,10	0,25	0,47	0,77	1,15	1,60	2,13	2,69	3,36	4,02	4,76	5,47	6,23	7,03
11	0,04	0,11	0,26	0,49	0,81	1,20	1,67	2,23	2,83	3,53	4,23	5,03	5,87	6,72	7,59
12	0,04	0,11	0,27	0,52	0,84	1,24	1,73	2,33	2,96	3,68	4,47	5,34	6,22	7,14	8,07
13	0,04	0,11	0,28	0,54	0,87	1,30	1,81	2,41	3,10	3,88	4,70	5,61	6,55	7,55	8,58
14	0,04	0,12	0,29	0,57	0,91	1,36	1,89	2,51	3,21	4,02	4,93	5,92	6,91	7,97	9,06

Lärche, Durchmesser cm

Tarif	7,0—9,9	10,0—14,9	15,0—19,9	20,0—24,9	25,0—29,9	30,0—34,9	35,0—39,9	40,0—44,9	45,0—49,9	50,0—54,9	55,0—59,9	60,0—64,9	65,0—69,9	70,0—74,9	75,0—79,9
	0b	1a	1b	2a	2b	3a	3b	4a	4b	5a	5b	6a	6b	7a	7b
1	—	0,03	—	—	—	—	—	—	—	—	—	—	—	—	—
2	0,01	0,04	0,10	0,18	0,27	—	—	—	—	—	—	—	—	—	—
3	0,01	0,05	0,12	0,21	0,33	0,46	—	—	—	—	—	—	—	—	—
4	0,02	0,06	0,14	0,25	0,38	0,53	0,71	—	—	—	—	—	—	—	—
5	0,02	0,07	0,15	0,27	0,43	0,61	0,81	1,04	1,26	—	—	—	—	—	—
6	—	0,07	0,17	0,30	0,47	0,68	0,92	1,18	1,45	1,71	—	—	—	—	—
7	—	0,08	0,18	0,33	0,52	0,76	1,04	1,33	1,65	1,97	2,31	—	—	—	—
8	—	0,08	0,20	0,36	0,57	0,84	1,13	1,48	1,84	2,21	2,57	2,95	3,36	—	—
9	—	0,09	0,21	0,39	0,63	0,91	1,25	1,65	2,04	2,47	2,91	3,34	3,76	4,13	—
10	—	—	0,23	0,43	0,69	1,01	1,39	1,80	2,25	2,73	3,22	3,74	4,19	4,66	5,14
11	—	—	0,25	0,46	0,74	1,08	1,48	1,94	2,43	2,94	3,51	4,08	4,65	5,20	5,75
12	—	—	0,26	0,48	0,77	1,15	1,58	2,07	2,60	3,18	3,82	4,45	5,08	5,70	6,32
13	—	—	0,27	0,51	0,83	1,22	1,69	2,23	2,82	3,44	4,10	4,82	5,51	6,27	6,98
14	—	—	—	0,54	0,88	1,29	1,80	2,40	3,01	3,70	4,41	5,15	5,98	6,77	7,50

Buche, Durchmesser cm

Tarif	7,0—9,9	10,0—14,9	15,0—19,9	20,0—24,9	25,0—29,9	30,0—34,9	35,0—39,9	40,0—44,9	45,0—49,9	50,0—54,9	55,0—59,9	60,0—64,9	65,0—69,9	70,0—74,9	75,0—79,9
	0b	1a	1b	2a	2b	3a	3b	4a	4b	5a	5b	6a	6b	7a	7b
1	—	—	—	—	—	—	—	—	—	—	—	—	—	—	—
2	0,01	0,04	—	—	—	—	—	—	—	—	—	—	—	—	—
3	0,01	0,05	0,13	0,24	0,40	0,61	0,84	—	—	—	—	—	—	—	—
4	0,02	0,06	0,14	0,28	0,46	0,69	0,96	1,28	1,65	—	—	—	—	—	—
5	0,02	0,06	0,16	0,31	0,50	0,76	1,08	1,48	1,88	2,34	2,80	—	—	—	—
6	0,02	0,07	0,16	0,33	0,54	0,82	1,18	1,60	2,09	2,64	3,19	3,84	—	—	—
7	0,02	0,07	0,18	0,35	0,58	0,89	1,28	1,76	2,29	2,88	3,53	4,20	—	—	—
8	0,02	0,07	0,19	0,37	0,62	0,95	1,38	1,90	2,48	3,14	3,87	4,63	5,44	—	—
9	0,02	0,08	0,20	0,39	0,66	1,02	1,48	2,04	2,68	3,40	4,18	5,06	5,94	6,85	—
10	0,02	0,08	0,21	0,41	0,71	1,10	1,60	2,20	2,87	3,64	4,49	5,43	6,40	7,43	8,49
11	0,02	0,09	0,22	0,43	0,75	1,15	1,67	2,31	3,03	3,85	4,75	5,77	6,87	8,01	9,20
12	0,02	0,09	0,23	0,45	0,77	1,20	1,76	2,43	3,17	4,03	4,99	6,11	7,26	8,50	9,76
13	0,02	0,09	0,24	0,47	0,81	1,26	1,83	2,53	3,31	4,24	5,27	6,47	7,69	9,00	10,38
14	0,02	0,10	0,25	0,49	0,85	1,32	1,92	2,64	3,49	4,44	5,53	6,78	8,12	9,54	10,94

Eiche, Durchmesser cm

Tarif	7,0—9,9	10,0—14,9	15,0—19,9	20,0—24,9	25,0—29,9	30,0—34,9	35,0—39,9	40,0—44,9	45,0—49,9	50,0—54,9	55,0—59,9	60,0—64,9	65,0—69,9	70,0—74,9	75,0—79,9
	0b	1a	1b	2a	2b	3a	3b	4a	4b	5a	5b	6a	6b	7a	7b
1	—	0,03	0,10	0,20	0,33	—	—	—	—	—	—	—	—	—	—
2	0,01	0,04	0,12	0,24	0,39	0,58	0,81	1,06	1,35	—	—	—	—	—	—
3	0,01	0,05	0,14	0,27	0,45	0,66	0,93	1,25	1,58	1,93	—	—	—	—	—
4	0,01	0,06	0,16	0,30	0,50	0,75	1,04	1,39	1,79	2,21	2,67	3,16	—	—	—
5	0,02	0,06	0,17	0,33	0,54	0,81	1,14	1,53	1,98	2,47	2,99	3,53	—	—	—
6	0,02	0,07	0,17	0,35	0,58	0,87	1,25	1,69	2,18	2,73	3,32	3,96	4,62	—	—
7	0,02	0,07	0,19	0,37	0,61	0,94	1,35	1,83	2,36	2,97	3,64	4,33	5,04	—	—
8	0,02	0,07	0,20	0,38	0,65	0,99	1,41	1,94	2,53	3,20	3,95	4,72	5,55	6,40	—
9	0,02	0,08	0,21	0,41	0,69	1,05	1,51	2,09	2,71	3,42	4,21	5,09	5,98	6,94	7,92
10	0,02	0,08	0,22	0,43	0,74	1,13	1,61	2,21	2,87	3,64	4,49	5,46	6,44	7,47	8,58
11	0,02	0,09	0,23	0,45	0,77	1,17	1,68	2,31	3,03	3,83	4,75	5,77	6,83	7,97	9,20
12	0,03	0,09	0,24	0,47	0,79	1,21	1,76	2,41	3,15	4,01	4,96	6,04	7,19	8,42	9,67
13	0,03	0,09	0,24	0,49	0,82	1,26	1,83	2,51	3,28	4,18	5,17	6,32	7,55	8,88	10,28
14	0,03	0,10	0,25	0,51	0,85	1,32	1,91	2,60	3,42	4,35	5,45	6,66	7,94	9,37	10,85

Birke

Durchmesser in cm	7,0—9,9	10,0—14,9	15,0—19,9	20,0—24,9	25,0—29,9
Tarif	0b	1a	1b	2a	2b
1	—	—	—	—	—
2	—	—	—	—	0,31
3	0,01	0,05	0,13	0,23	0,35
4	0,01	0,06	0,14	0,25	0,39
5	0,02	0,06	0,15	0,27	0,43
6	0,02	0,07	0,16	0,29	0,46
7	0,02	0,07	0,17	0,30	0,49
8	0,02	0,08	0,18	0,32	0,52
9	0,02	0,08	0,19	0,34	0,55
10	0,02	0,08	0,20	0,36	0,59
11	0,02	0,09	0,21	0,38	0,62
12	0,03	0,09	0,21	0,39	0,64
13	0,03	0,09	0,22	0,41	0,66
14	0,03	0,10	0,23	0,43	0,69

Erle

Durchmesser in cm	7,0—9,9	10,0—14,9	15,0—19,9	20,0—24,9	25,0—29,9
Tarif	0b	1a	1b	2a	2b
1	—	—	—	—	—
2	—	—	—	—	—
3	0,01	—	—	—	—
4	0,02	0,05	—	—	—
5	0,02	0,06	0,16	0,31	—
6	0,02	0,07	0,18	0,33	0,55
7	0,02	0,07	0,19	0,35	0,58
8	0,02	0,07	0,20	0,37	0,61
9	0,02	0,08	0,21	0,39	0,65
10	0,02	0,08	0,22	0,41	0,68
11	0,02	0,09	0,23	0,43	0,71
12	0,03	0,09	0,24	0,45	0,74
13	0,03	0,10	0,25	0,46	0,76
14	0,03	0,10	0,26	0,48	0,79

Massendifferenzen für 2 cm Durchmesserzuwachs je Stärkestufe

a) Nadelholz

Tarife	14—13	12—11	10—9	8—7	6—5	4—3	2—1
Zuwachs-stufe	G	F	E	D	C	B	A
1a	0,060	0,055	0,050	0,045	0,040	0,030	0,025
1b	0,075	0,070	0,065	0,060	0,050	0,040	0,030
2a	0,105	0,095	0,085	0,075	0,065	0,050	0,040
2b	0,140	0,130	0,115	0,100	0,085	0,065	0,045
3a	0,175	0,165	0,145	0,125	0,110	0,080	0,050
3b	0,210	0,195	0,170	0,150	0,130	0,100	0,055
4a	0,240	0,220	0,200	0,175	0,150	0,110	
4b	0,265	0,245	0,225	0,195	0,165	0,120	
5a	0,300	0,275	0,245	0,210	0,175	0,130	
5b	0,330	0,295	0,260	0,225	0,185		
6a	0,360	0,320	0,275	0,240	0,195		
6b	0,385	0,340	0,290	0,255	0,205		
7a	0,400	0,360	0,310				
7b	0,420	0,380	0,320				
8a	0,440	0,395					
8b							

b) Laubholz

1a	0,060	0,055	0,050	0,045	0,040	0,035	0,030
1b	0,080	0,075	0,065	0,060	0,050	0,045	0,035
2a	0,120	0,105	0,095	0,080	0,070	0,060	0,050
2b	0,160	0,145	0,130	0,115	0,100	0,080	0,065
3a	0,205	0,190	0,170	0,150	0,125	0,100	
3b	0,260	0,235	0,210	0,185	0,150	0,120	
4a	0,300	0,275	0,240	0,210	0,175	0,140	
4b	0,355	0,315	0,275	0,230	0,195	0,155	
5a	0,410	0,355	0,305	0,255	0,215	0,170	
5b	0,450	0,390	0,340	0,275	0,225	0,185	
6a	0,490	0,425	0,365	0,290	0,240		
6b	0,520	0,460	0,385	0,310	0,250		
7a	0,550	0,480	0,405	0,330	0,260		
7b	0,565	0,495	0,420	0,345	0,270		

Die Zuwachsprozente des Waldhöhentarifes

	Laubholz	Nadelholz		Laubholz	Nadelholz
1a	6,470	5,991	4a	1,134	1,054
1b	3,194	3,067	4b	0,992	0,916
2a	2,281	2,103	5a	0,879	0,810
2b	1,851	1,696	5b	0,779	0,723
3a	1,542	1,423	6a	0,700	0,649
3b	1,311	1,223	6b	0,631	0,589
			7a	0,570	0,539

Waldhöhentarif

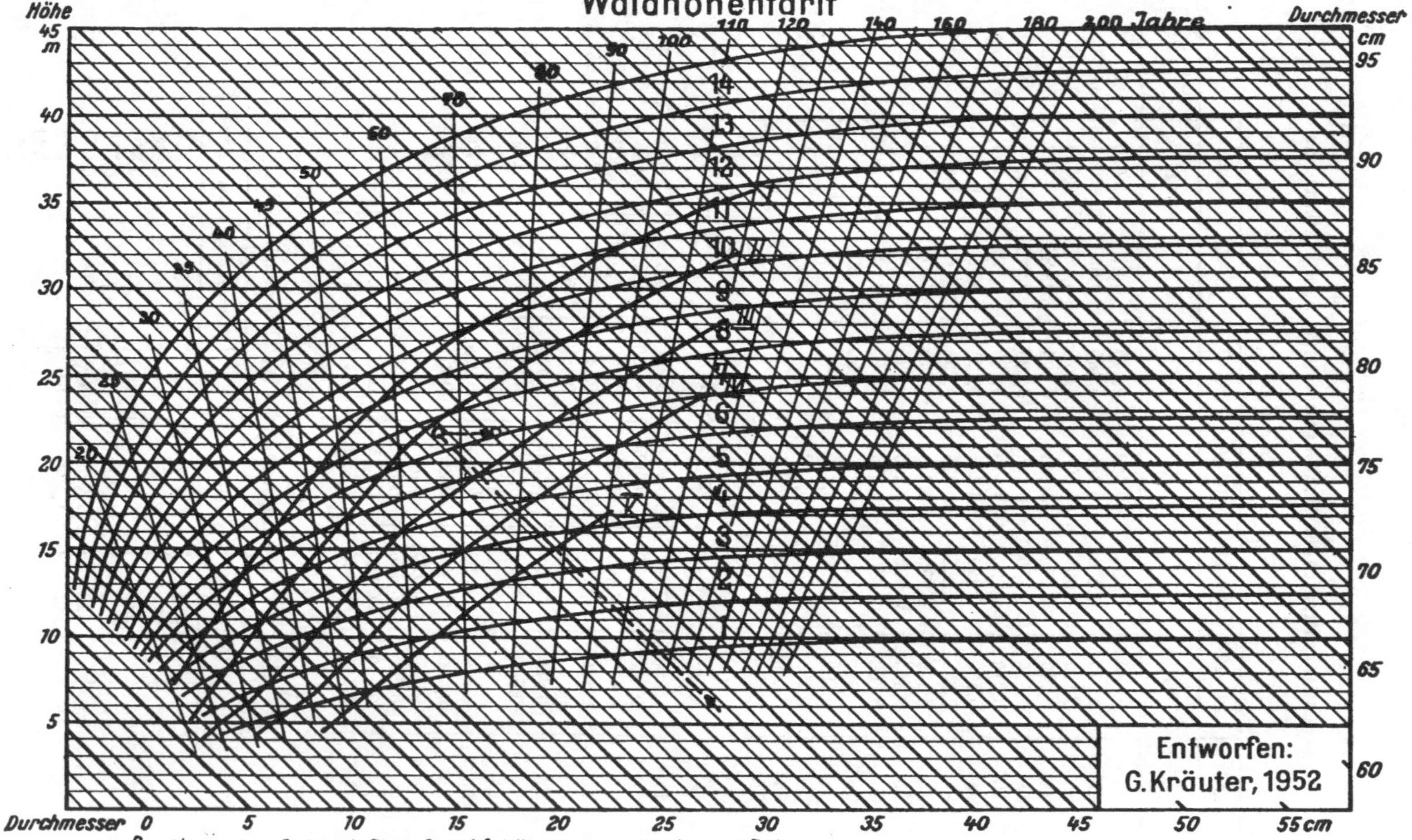

Bonitierungs-Beispiel: Fi m. Durchf. Wiedemann 1936/42; 75 Jahre

Waldhöhentarif

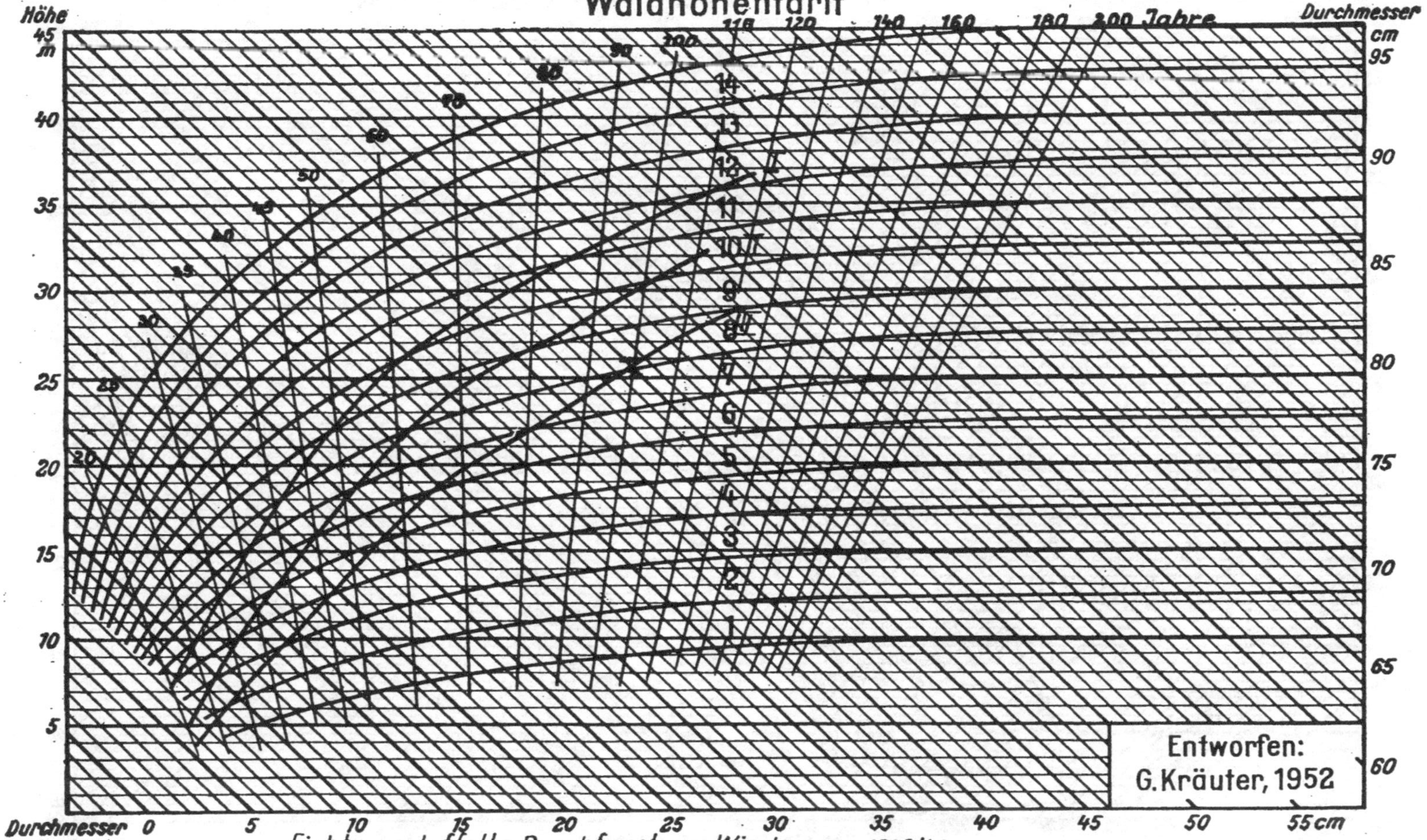

Fichte, gestaffelte Durchforstung, Wiedemann 1936/42

Waldhöhentarif

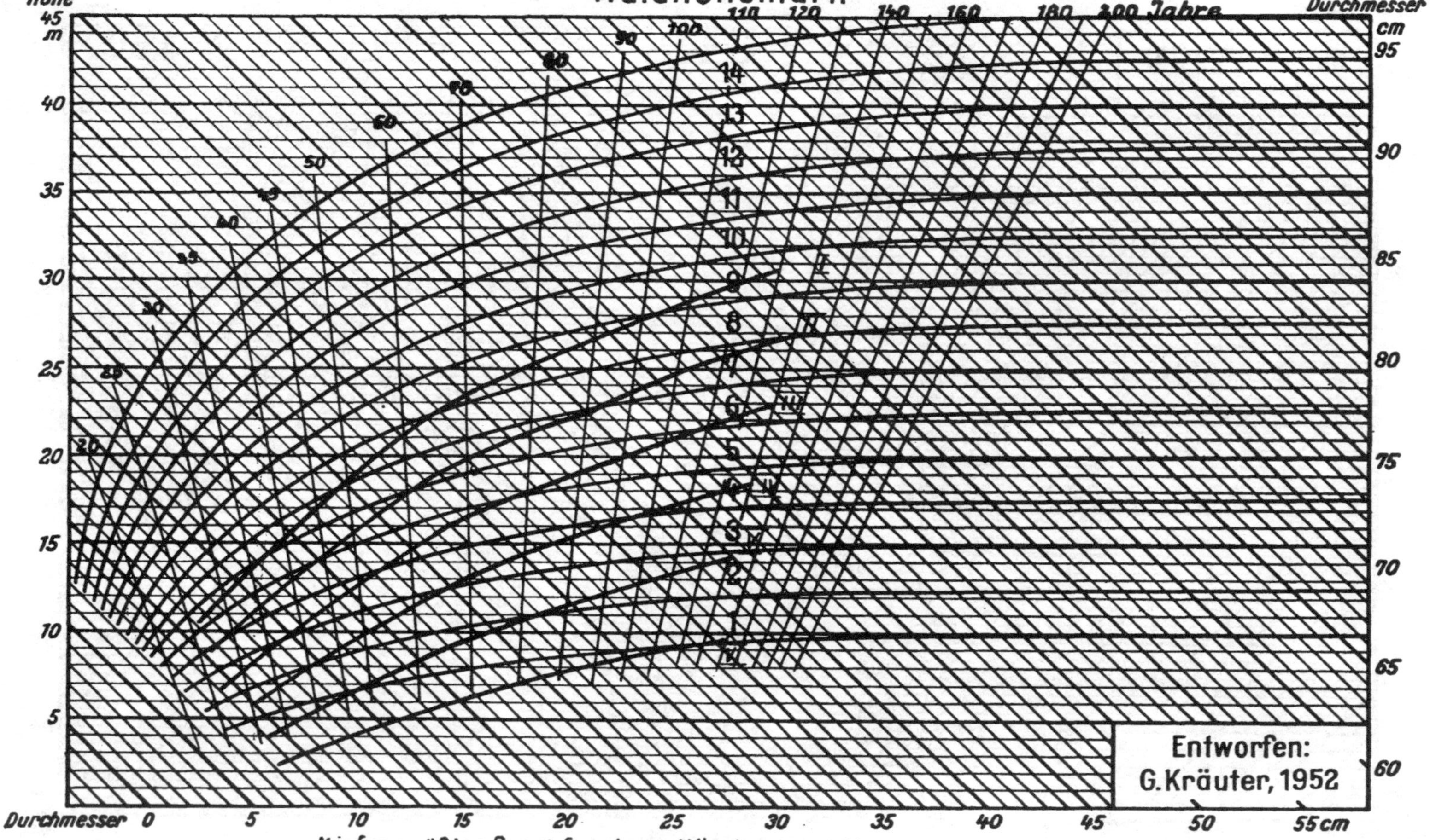

– Kiefer, mäßige Durchforstung, Wiedemann 1943

Waldhöhentarif

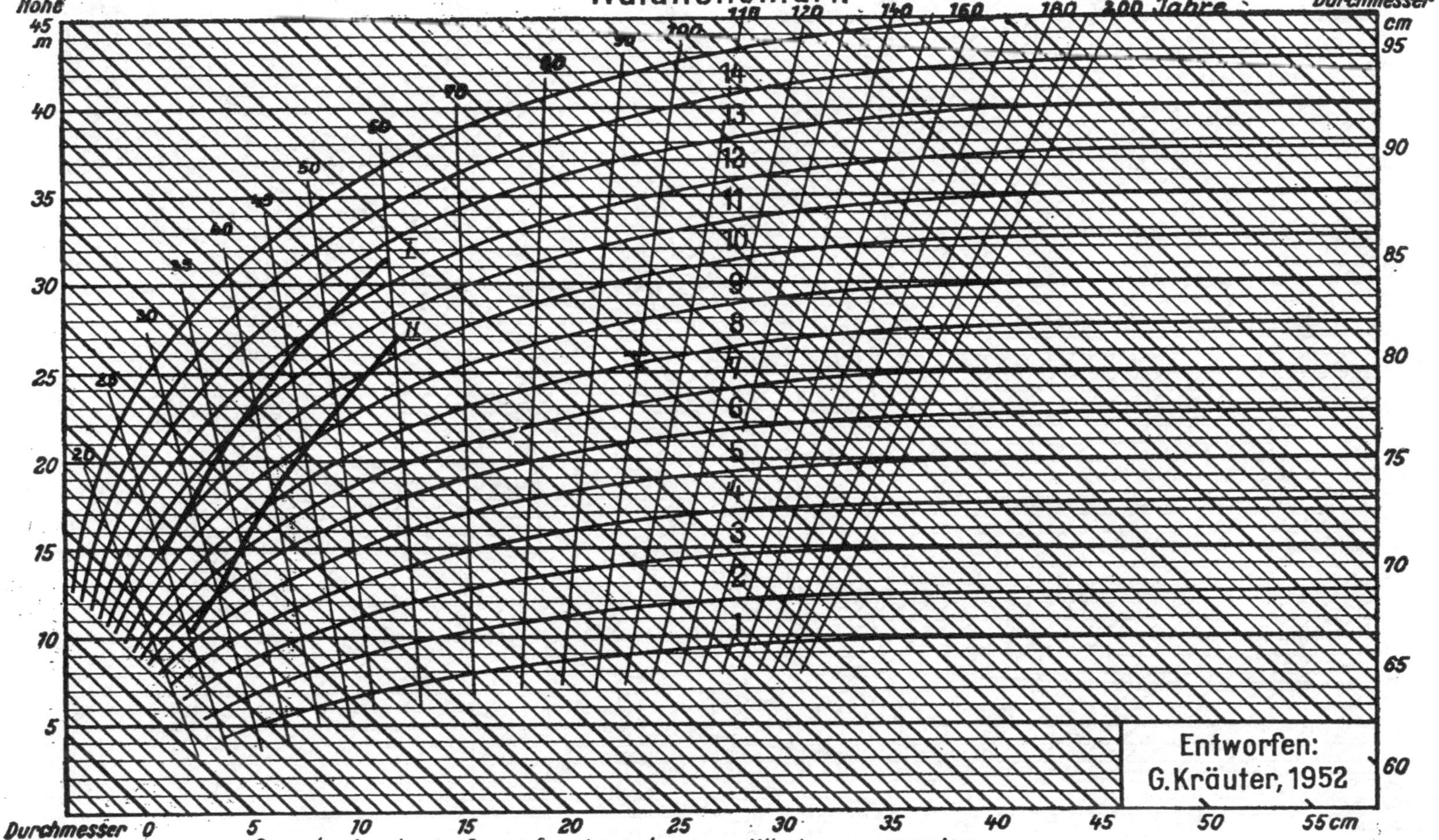

Douglasie, starke Durchforstung, Kanzow - Wiedemann 1937/46

Waldhöhentarif

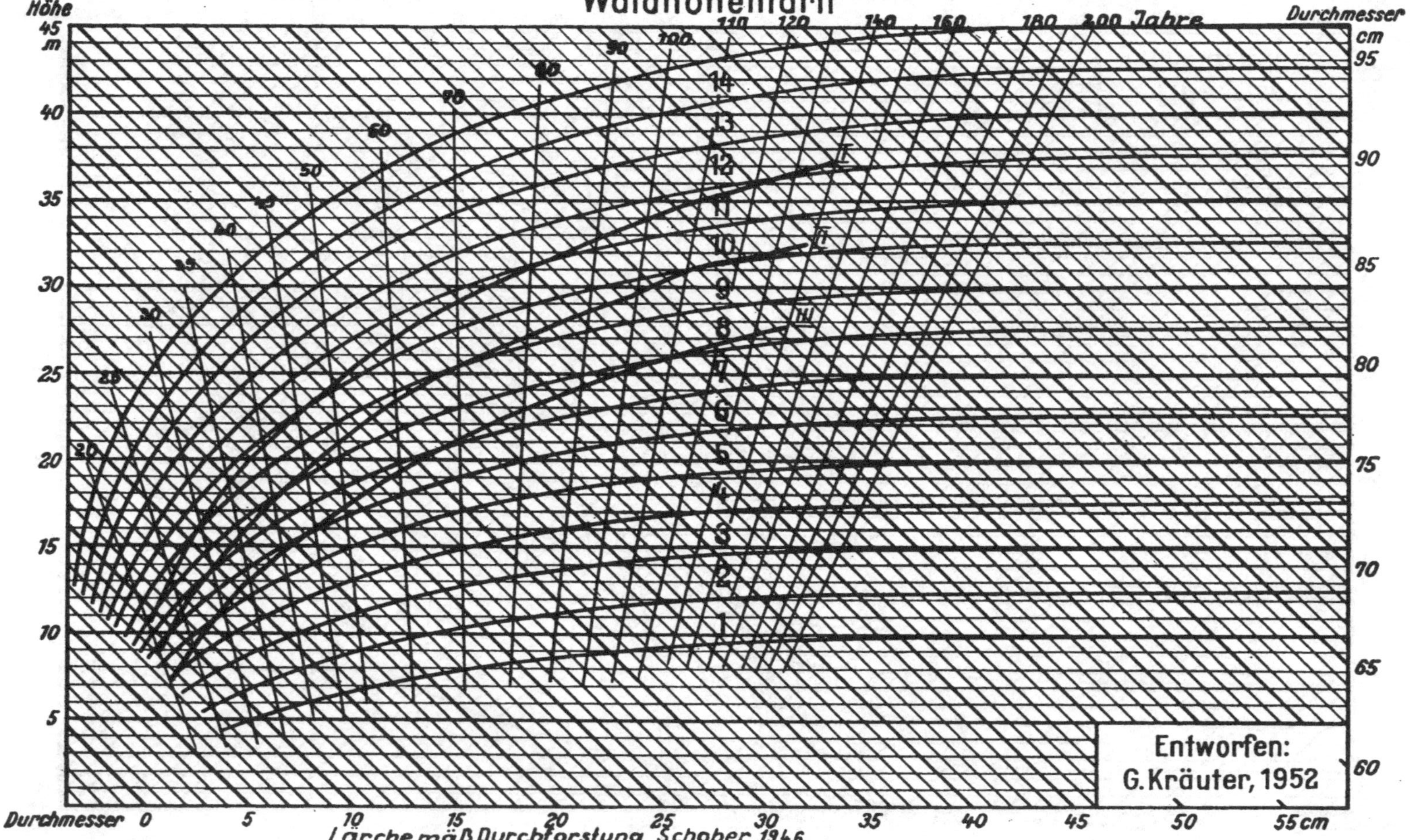

Lärche, mäß. Durchforstung, Schober 1946

Waldhöhentarif

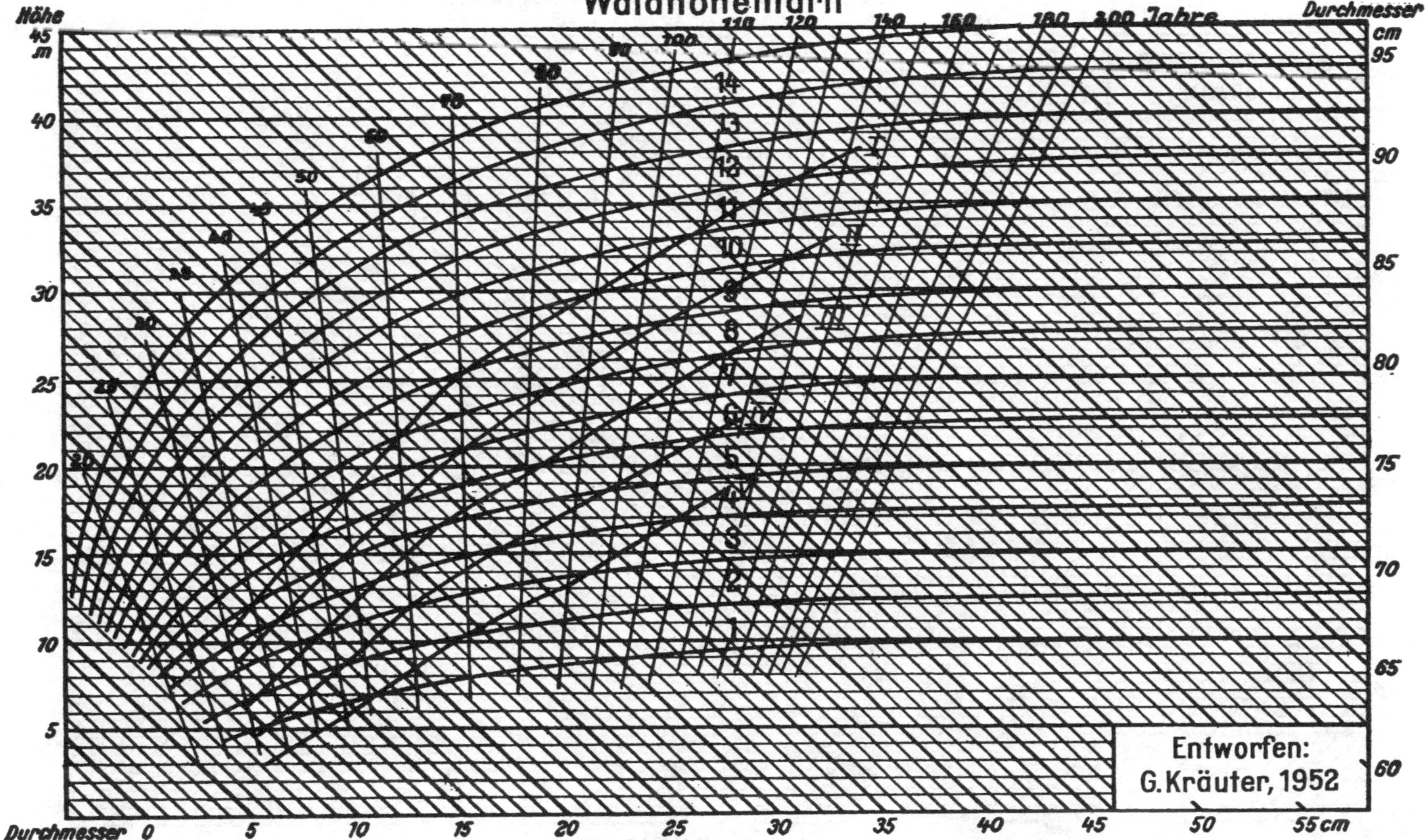

Buche, m. Durchf., Wiedemann 1931 (Tafel 3)

Waldhöhentarif

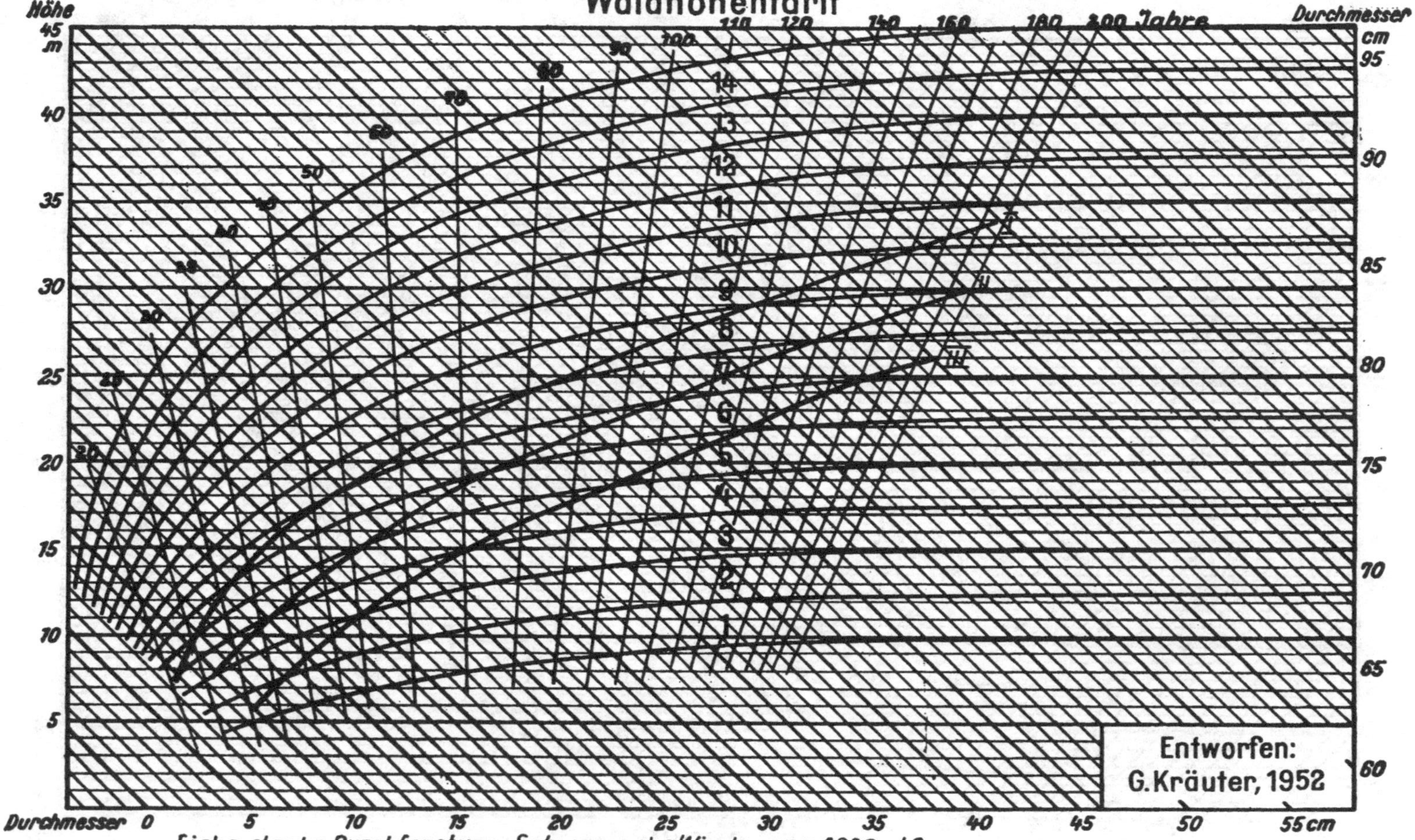

Eiche, starke Durchforstung, Schwappach-Wiedemann 1920 - 46

Waldhöhentarif

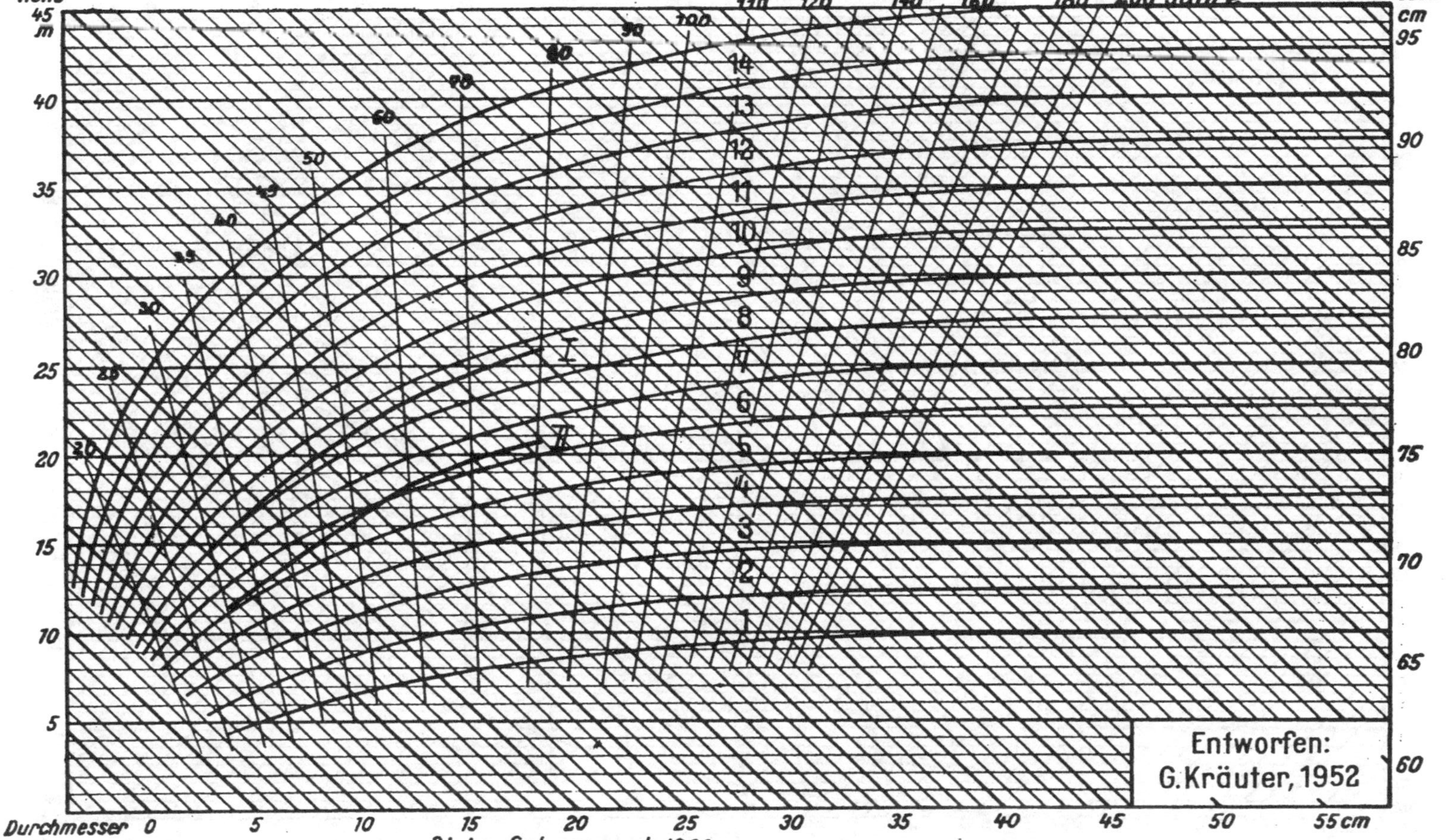

Birke, Schwappach 1903

Waldhöhentarif

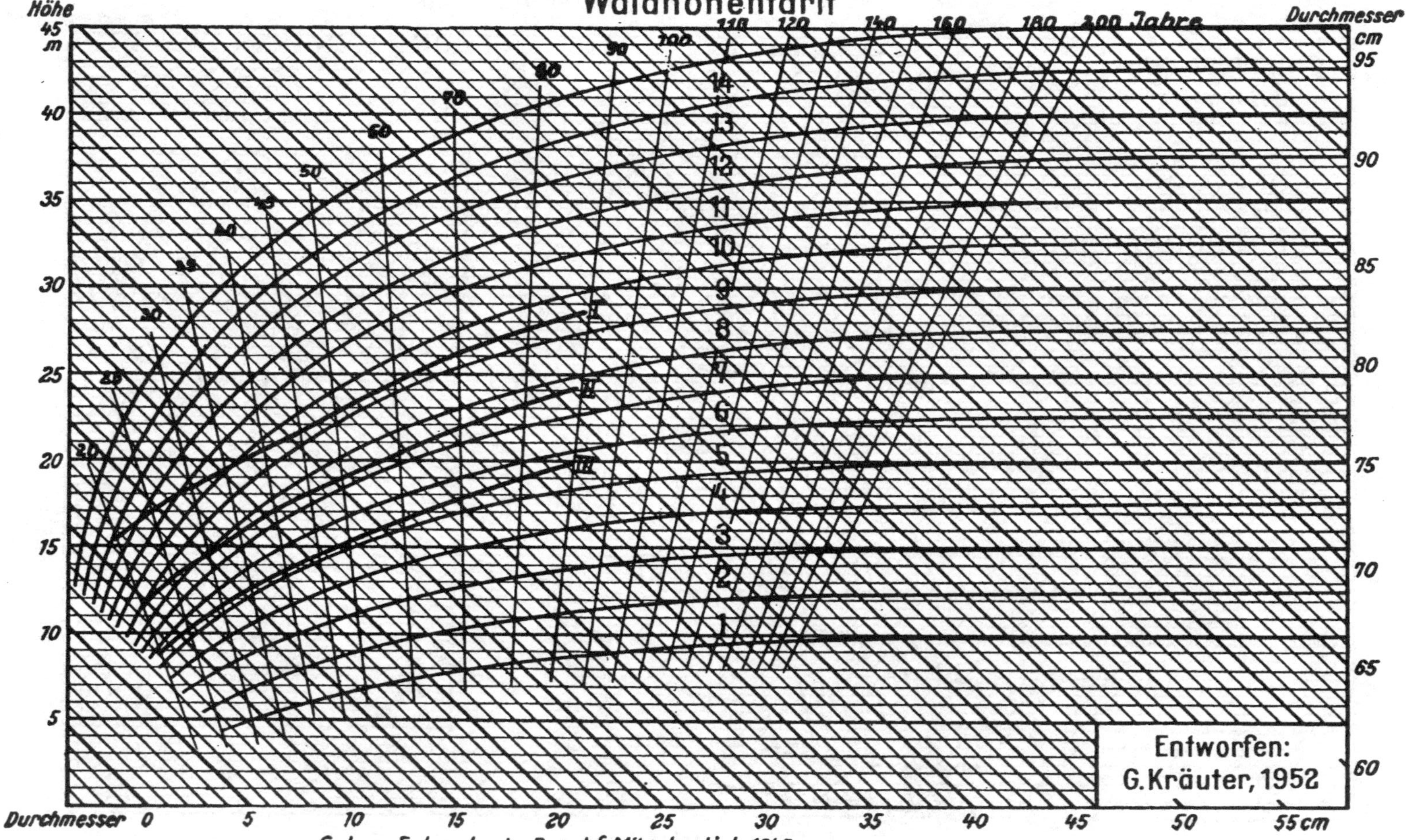

Schw.-Erle, starke Durchf. Mitscherlich 1945

Waldhöhentarif

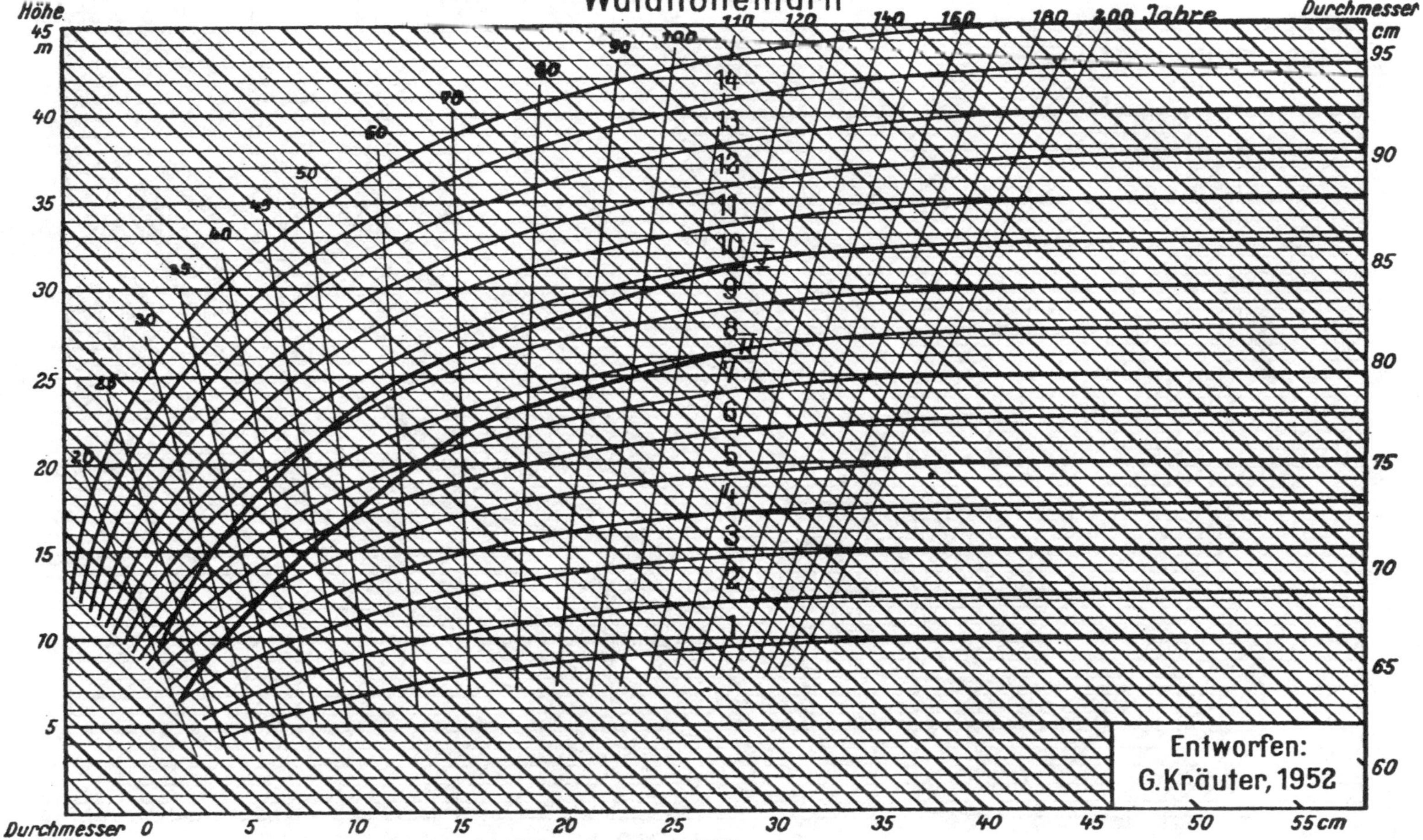

Esche, Wimmenauer 1919

Waldhöhentarif

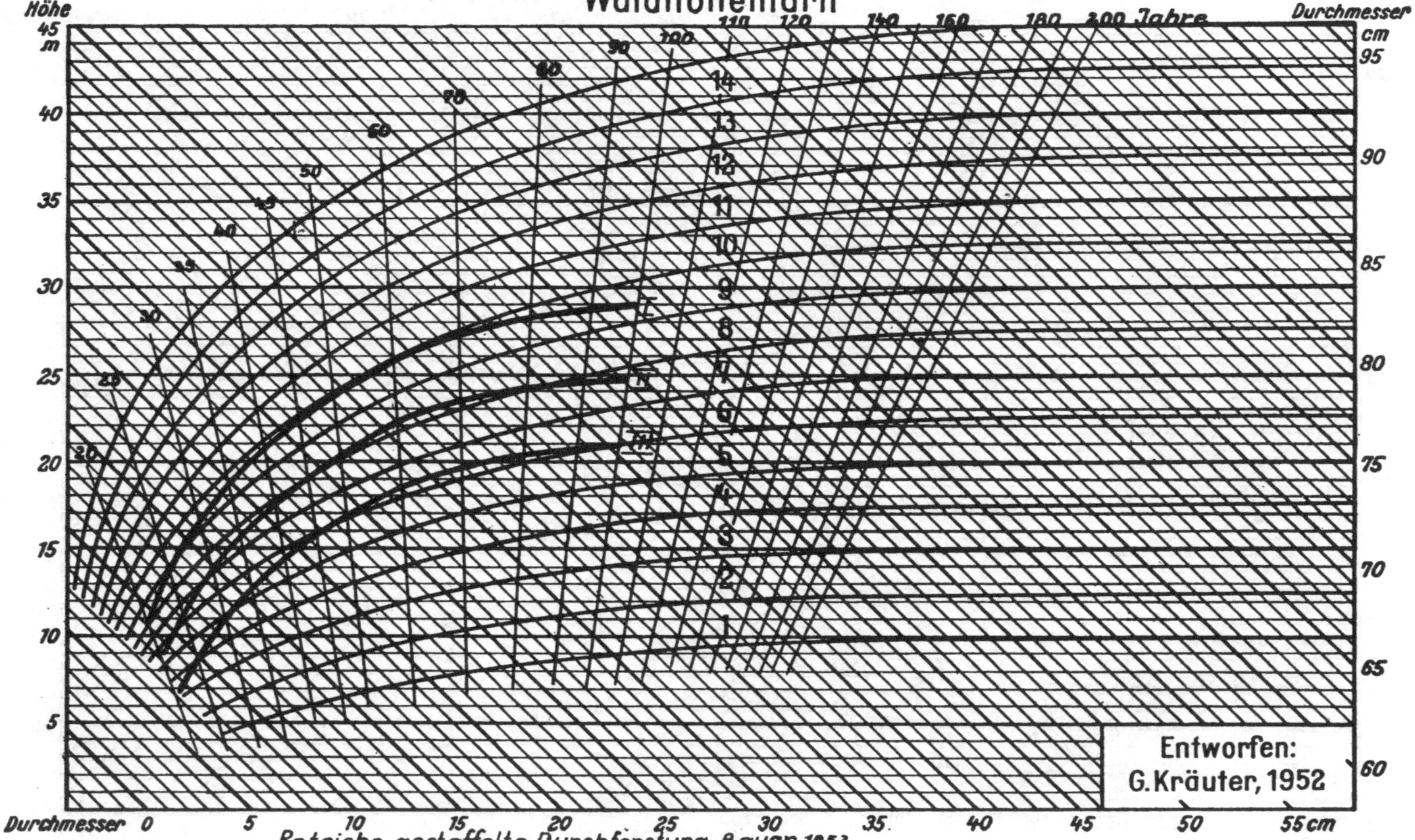

Roteiche, gestaffelte Durchforstung, Bauer 1953

Waldhöhentarif

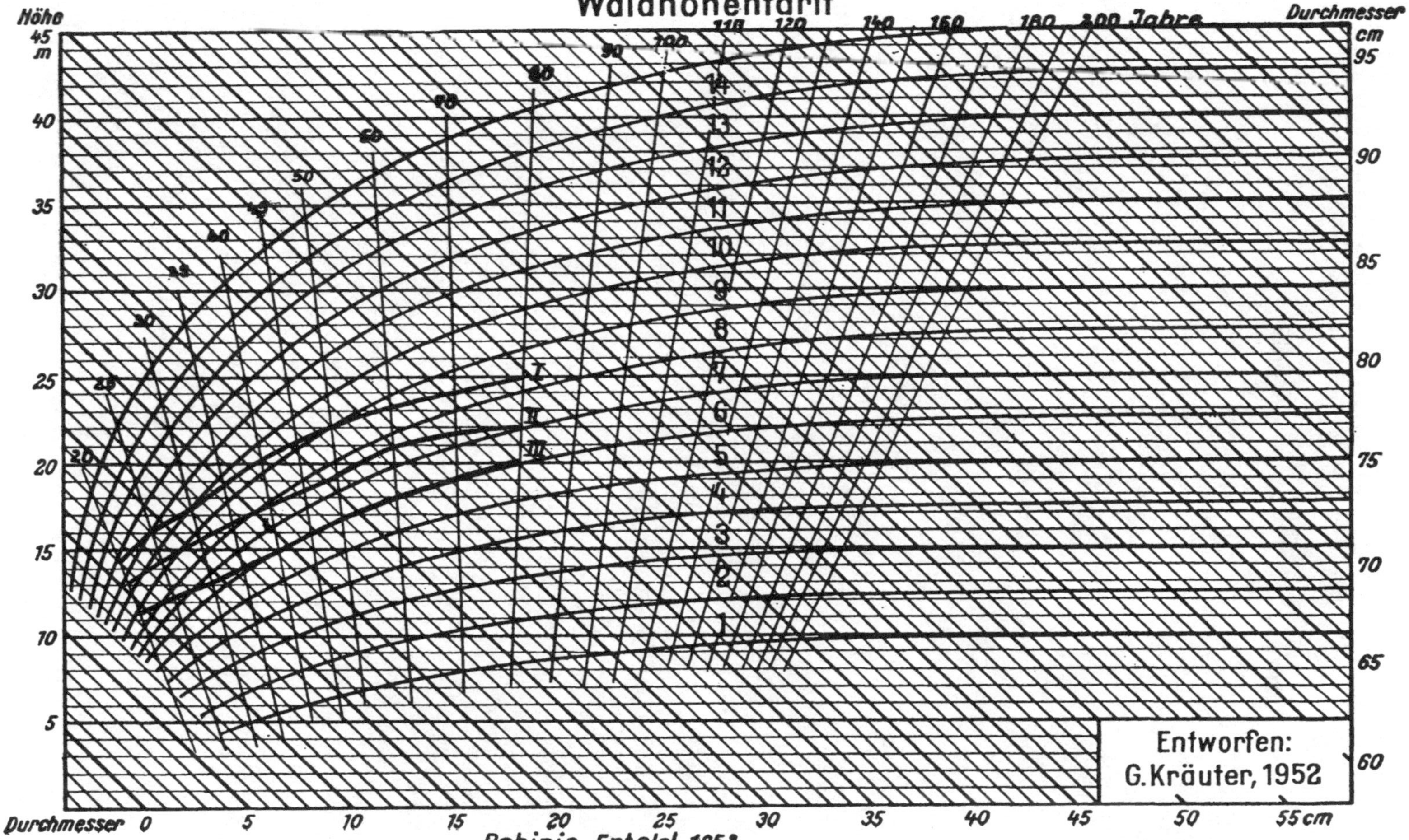

Robinie, Erteld 1952

FSC
www.fsc.org
MIX
Papier | Fördert gute Waldnutzung
FSC® C083411

Kolibri 360 GmbH
Ferdinand-Jühlke-Straße 7
99095 Erfurt, Deutschland
produktsicherheit@kolibri360.de